職場通識
15

90堂

成功領導 和
有效管理
大師班

偉大企業家和管理學大師的一句話，
教你具體應用
團隊領導、計畫決策、組織變革的智慧

James McGrath

詹姆斯・麥格拉斯——著　楊毓瑩——譯

THE LITTLE BOOK OF
BIG MANAGEMENT
WISDOM

90 important quotes and how to use them in business

各界管理專家好評推薦

這本書結合了管理大師、成功經營者的思想菁華，以及如何將理論與觀念具體落實的方法，對於想要精進經營管理、領導帶人知識與技能的讀者，是一本非常實用的工具書，可以放在手邊隨時翻閱，隨時給自己學習的養分和思考的靈感。

——齊立文　《經理人月刊》總編輯

此書所遴選之格言句句令人震撼，不說教，加上滿滿的行動方案，是一本相當實用的書！

——愛瑞克　《內在原力》作者／TMBA共同創辦人

這是一本幫你快速複習近幾個世紀最重要的經營管理價值觀的好書。

——許繼元　Mr.Market市場先生／財經作家

管理無處不在，不論是個人、主管或公司經營者，都可以透過這本《90堂成功領導和有效管理大師班》找到你的答案。

——蘇書平　為你而讀／先行智庫執行長

一本書如果有一句話能影響你的想法就太值得了，何況這本書能觸發的絕對不只一個觀點！

——艾薇蕭　葳逸行銷有限公司總經理

一句格言，一段經歷；一個觀念，一種轉變。我們何其幸運，透過這本書能在短短時間內學習跨國界、跨領域、跨時代的管理實踐！

——蔡怡穎　零碳美妝─歐萊德總經理

將管理的熱情提煉升華成純粹的甘露。不只是針對管理階層而寫，任何主管都應該讀讀這本書。

——Dr Paul Mycock　Ampercom Ltd首席顧問

獻給塔魯拉（Tallulah）和芬巴（Finbar）

目次

第三章　人員管理與團隊管理 ⸺⸺⸺⸺⸺⸺⸺⸺⸺⸺⸺⸺⸺⸺ 069

作者序

　　本書不介紹理論或模型，而是真正的實務者所提出的實務管理見解。沒錯，理論和模型當然重要，它們有助於拓展經理人的視野，促發新的想法和思考方式。然而，在理論和模型盛行之前，眾多格言、名句早已藉由知名經理人如亨利・福特或政治家林肯之口，變得眾所皆知。這些格言道出商業和管理的本質。爾後，則有更多的經理人、領導者及評論者豐富了這些管理的至理名言。本書挑選了90則管理智慧，並且告訴讀者如何將其運用在實務中。

格言挑選

　　難以避免的是，我是依據個人喜好來挑選格言。但是，我已經盡力降低個人喜好的影響，否則你現在看到的90則格言可能都來自彼得・杜拉克！在我挑選的標準上，所有的格言都合乎以下標準：

- 出自名人之口，也許是知名經理人／企業家、管理專家、軍人或政治領導者。
- 在研究上或相關領域中有多年的工作經驗。
- 符合現代經理人的需求。
- 具備足夠的深度／豐富度，讓現今繁忙的經理人感到有學習的價值。

　　我的目標是選擇廣泛、有趣且實用的格言。不要被一些年代悠久的格言嚇到，智慧遠在技術革命前就已存在，況且人性千古不變。

　　書末我整理了引用清單以及我所引用的每一位大師的格言數量。

本書可以在哪方面幫助你

　　這本書可以幫助你：

- 擴大並加深對廣泛管理課題的理解。
- 使你找到更合適的生活和工作態度。

- 讓你掌握能激勵自己和員工的因素。
- 提供理論和模型沒有談到的觀點，幫助你解決實務上的管理問題。
- 提升你作為經理人的效用。
- 為你的升遷鋪路並提高創造財富的能力。

內容簡明扼要且犀利

我注意到經理人通常相當忙碌。你不可能有時間細讀每一頁而掌握箇中真諦。因此，本書不討論這些格言隱匿的含意。相反地，本書內容簡明地掌握重點，剔除了所有非必要的內容。你所看到的是90堂精選的管理智慧，若你能理解並運用，這些智慧將可提高你的工作表現。

書中八十二句格言，我都用兩頁介紹，其餘八句（請見第11章）則各濃縮在一頁。這代表你可以在五分鐘內讀完和理解一篇，並學習運用裡頭的建議。你只要拿出意願和自信去嘗試即可。

基於以下考量，我會跳脫上述簡潔扼要的原則。由於你在閱讀時，應該會跳著翻閱，而不是從頭看到尾，因此我會在一些篇章中重複提到相同的意見，例如多多認識你的員工。

本書的目標讀者含括高階、中階、初階經理人，以及所有想要成為主管的人。年資和經驗會影響每一位讀者從本書中所學習到的事物。書中的建議，在初階經理人看來或許與他們的工作八竿子打不著邊，但卻可能讓中階或資深經理人產生新的思維。雄心壯志、希望在三十歲以前受到重用的年輕經理人，在面對問題時，將會發現本書提升了你們的思考和分析技巧。

本書架構

本書分為十一章。在這類書籍中，一句格言一定會出現在不同的章節，這是無法避免的。所以，不要預設你只能將某章的內容應用在特定的面向。例如，彼得‧杜拉克有關吸引與留住顧客的觀點被歸類在第1章——經營成功事業——中，但也無違和地可以放到第10章——讓顧客變成你的事業夥伴。

每句格言都包含了四個部分：

- 格言使用時機。
- 格言引用、使用場合及簡短評論。
- 如何運用格言來提升專業實踐表現。
- 你可以自我檢視的問題。

所有用來讓格言意義更清楚的註解，我都會以括號標示。

我從前十章中，挑選出 TOP10 的管理格言。目的在於讓所有經理人謹記這十句話。然而，我也希望列出這十句格言，能促使你找到自己最喜歡的格言，並思考哪十句話對你的情況最受益。

最後……

祝你事業鴻圖大展，也希望你喜歡這本書。若你對本書有任何意見，請至 www.amazon.co.uk、在我亞馬遜的作者專頁或我的部落格 www.goodreads.com 留言。

如何充分應用本書

　　如果你真的想在實務上應用書中的觀點，我建議你可以先迅速瀏覽整本書。一旦你大致掌握了本書的內容，就能對應你的問題挑出最能協助你解決問題的篇章。請閱讀整篇文章並實踐裡面的方法。你不必照所有的建議去做。你也可以結合兩篇的智慧以因應你獨特的需求。適當微調、融合、替問題找出最佳解決方法，才是正確運用本書的方式。

　　為了提升你的學習，你可以邊看邊加註解。記下哪些是你可以直接應用的觀點，哪些需要調整或結合兩種觀點甚至更多觀點才能派上用場。

　　當你執行書中的方法後，無論成果如何，都請記錄執行的結果，若下次遇到類似的狀況時，你可以做哪些調整，以及其他適合但你卻沒有運用的觀點。透過審視自己的成果與失敗，即是將知識印刻在腦中，未來需要時就能隨時取得。做筆記讓你迅速將本書變成一本學習日誌，可以再三翻閱。

　　你可以直接跳過不喜歡或不同意的篇章，但在這麼做之前，請先想清楚哪一部分你不同意。如果你曾經運用過類似的方法，而結果不盡理想，那麼請問問你自己：「是這個方法太差，還是你運用的方式有問題？」

第一章
經營成功事業

導論

本書是為初階、中階、高階經理人以及所有有志成為經理人的讀者所打造。因此，很多讀者會想跳過這一章，畢竟你不是公司的老闆。其實，這樣的想法錯了。既然你身為中階或初階主管，代表你經營一支團隊、科室或部門。這就是你的事業，而本章所提到的原則不但適用於整體組織，對你的管理而言也相當管用。例如，若你的部門或科室負責掌控組織的現金流問題（詳見「大師格言4」）或成本控管問題（詳見「大師格言5」）。

本章的大師格言可以分為三大範疇，適用以下的狀況。

■ 1和2談到的是成功企業的必備要件，也就是顧客和競爭優勢。

■ 3到8是有關經營事業的基本要件。

■ 9和10思考企業衰退、失敗的原因，並提供降低相關風險的方法。

本章有些格言會談到顧客。許多經理人認為自己哪有什麼顧客。他們會說：「我只是會計、採購經理。我又不賣東西。」這樣的想法忽略了很重要的一點。向同事提供對內服務，不代表你沒有顧客，接受你服務的同事，以及使用你的報告或你採購的物品的同事，都是你的顧客。你必須用這樣的心態服務他們。尤其同事比外部顧客更有機會接近組織內的高層主管。因此，除非你希望同事對你的抱怨和批評很快傳到你老闆耳裡，否則你最好還是用以客為尊的態度對待同事。

最後，我希望你記住，若你創業的目的只有賺錢，那這項事業絕對成不了氣候。能賺大錢的都是熱愛自己工作的人，而金錢只是他們維持事業穩定的手段。

彼得・杜拉克（Peter Drucker）

為什麼顧客遠比利潤重要（TOP 10）

永遠記得，要關注所有事業最重要的一環：顧客。

如果你問大部分的人，做生意最大的目的是什麼，得到的答案不是「賺錢」就是「利潤最大化」。堪稱管理學唯一的天才彼得・杜拉克（1909－2005），挑戰了這個觀點。他認為：

> 一家公司存在的唯一理由就是創造（以及留住）顧客。
>
> 彼得・杜拉克

雖然企業必須贏得並留住顧客，但現在絕大多數的企業仍把顧客以及客訴視為妨礙員工做正事的洪水猛獸。而事實上，只有兩種事業可以鄙視顧客還能蓬勃發展的，那就是販毒和足球俱樂部。

你該做什麼

- 如果你還沒這麼做，那麼請改變你的思維。別再唯利是圖，好好想想如何才能提供顧客更優質的服務。滿意的顧客會和朋友分享好東西。對服務不滿的顧客則會向所有人抱怨！
- 將現有顧客視為珍貴的資產，而非多數員工所認定的眼中釘。
- 教育你的員工將顧客視為公司最珍貴的資產，並且以相對應的態度服務顧客。會計部員工追討債務時，跟業務員推銷新產品一樣，皆適用這種做法。
- 顧客換廠商的主要原因，在於感到不被尊重和受騙。如果你常常提供更好的交易條件給新顧客而非老顧客，他們會換廠商一點也都不奇怪。沒有人喜歡被當作盤子。無論你的行銷團隊再怎麼吹捧，說什麼向新顧客提供比現有顧客更好的交易條件，就能擴大市場占比，也絕對不要這麼做。

- 與顧客保持聯繫。透過email、電話、電子報或者私下拜訪等方式，加強並維持客戶關係。當你聯絡顧客時，千萬不要推銷任何商品。你只需要與顧客建立信賴關係。
- 想要取得顧客信賴，就要說到做到。就算你會虧錢，也不能食言。如果你無法兌現承諾，就會失去顧客的信賴甚至變成拒絕往來戶。
- 對顧客誠信以待。如果發生任何問題或交期延後，請告訴顧客。若你回答不了問題，請不要胡謅。告訴顧客你不知道，但你會找出答案再向他們報告。
- 傾聽顧客的意見。利用顧客的意見加強現有的商品，並且尋找新商品或改善商品的靈感。
- 請特別留意顧客對你的競爭對手的評價，避免重蹈對手的覆轍。若覺得對手的想法或做法不錯時，也別害怕學習。尤其是任何有助於開發新商品、改善現有商品的點子，都應該學起來並回饋給公司。
- 提供更棒的優惠、交易條件、特殊優惠給忠誠度高和付款迅速的顧客，或者邀請這些顧客參加特殊活動。

自我檢視

- 你上一次打電話給顧客，或與顧客見面討論如何提升服務而非推銷商品，是多久之前了？
- 與顧客進行第一次服務時，你解決了多少百分比的投訴？

傑克・威爾許（Jack Walsh）

企業需要競爭優勢

判斷你的事業會不會成功。

傑克・威爾許（1935－2020）是奇異公司的傳奇執行長，任職於 1981 至 2001。他給所有想要進入新市場或創業的企業家和經理人以下建議：

> 如果你不具備任何競爭優勢，就別去競爭。
>
> 傑克・威爾許

經理人通常不知道公司的競爭優勢和劣勢在哪裡。一般而言，越資深越短視近利，然而，現在是全公司的人普遍都這樣。例如，我參與過的每場 SWOT 分析都指出，組織最大的優勢之一是「訓練有素和忠誠的員工」。這句話說得沒錯，然而，除非你的員工強過所有競爭對手的員工，否則這根本不是你的競爭優勢。充其量只能說你能跟別人公平競爭而已。

誰具備競爭優勢？

你該做什麼

- 找出公司現有的競爭優勢，或者改變現狀後能獲得的競爭優勢。只有在規模極小的團隊你才能單獨評估這一點。因此，請集結各階層和各部門的人，組成小團隊一起思考。
- 小團隊避免只找主管。找些聰明伶俐、與顧客接觸並且了解對手在做什麼的人。

- 在新商品或新事業保密的狀態下，向團隊詢問公司目前的競爭優勢。盡可能取得最多資訊，將團隊的意見一一寫在便條紙上，粗略歸類整理並貼到牆上。
- 完成上述步驟後，將新商品或想法帶入討論中，將清單中對新事業或新商品沒有幫助的優勢刪除。請團隊思考有沒有哪些優勢對於新商品或新事業特別有用但還沒列出來。討論結束後，你就能知道你或公司哪一方面做得不錯。
- 但這不代表你具備了競爭優勢。你必須測試每一項優勢與同領域競爭者的競爭力。例如，你認為你在價格、品質、品牌認知度、技術及顧客服務上具有競爭優勢。請利用標竿分析的方式，測試每一項優勢與同領域領導品牌的競爭力（詳見「大師格言82」）。
- 不必各方面皆占優勢，你只需要在一、兩個方面稱王即可。例如，蘋果在設計和品牌形象上的優勢無人能敵。
- 小公司可以在速度、個人服務及成本上發揮優勢。
- 若你手上有一種全新商品，你必須問：你能不能訂出一個顧客願意掏錢的價格？

自我檢視

- 你願意花多少心力建立一項新商品或事業？
- 每一項競爭優勢有多強？競爭對手可以輕易擊垮你這些優勢嗎？

馬文·鮑爾（Marvin Bower）

組織需要更多凝聚力並減少層級

打破階層體制，並凝聚組織的向心力。

馬文·鮑爾（1903－2003）是美國經營管理論家、管理顧問以及管理顧問公司麥肯錫的董事長。他指出若想要提升組織的表現：

> 企業需要的是更多的凝聚力，而非（更多）層級。
> （你需要的是）領導者網絡。
>
> 馬文·鮑爾

有人說，1980年代後期至1990年代興起的組織扁平化風潮，減少了組織內部的管理層級數量。然而，這並不表示組織的階層制比四十年前弱。高層仍握有權力和控制權，他們通常會以一連串制式化的指示、數字標準、目標的形式出現，降低員工對工作的熱情，而非使他們變得更積極。通常，達成目標的重要性更勝於把事情做好或滿足顧客。

你該做什麼

- 若想增加凝聚力，就要尋求公司內部的正式領導者和非正式領導者的協助。領導者不像經理人，他們不需要職位權力就能發揮影響力。人們追隨領導者，是基於信任並且想要聽從領導者的要求。這表示從基層主管至董事，公司內所有的階層都有領導者。

- 觀察你的員工崇仰哪些人，以找出正式和非正式領導者。辦公室和生產單位，通常都能找到一位或一位以上員工喜歡向他們尋求意見或指導的領導者。他們可能是一般員工、小主管或者經理。和這些人打好交道，不必靠組織內少數人才擁有的階層權力，你也能加強公司的向心力。

- 運用以下的多層面及多層次分殊領導，決定你要分享多少權力給有資格的人：
  - ——**委任**：你仍保有最大的權力，須注意被授權者是否有意願和能力接下特定工作，並在被授權者需要時提供協助（詳見「大師格言51」）。
  - ——**分配領導**：你分配權力給組織內部的正式主管，希望他們激勵部屬、不將屬下逼得太緊，鼓勵團隊合作和跨部門合作。
  - ——**在現有的制度下進行民主式領導**：你徵求其他人的意見，並鼓勵團隊合作以及聯合決策。
  - ——**挑戰現有制度的民主式領導**：你允許組織內公認的領導者改變現有的權力制度，並且要求他們負起改革的責任。
  - ——**分散領導**：你容許在緊急狀況發生時，即使未通過你的核可，仍可以有非正式領導者的存在，或者有人自願成為領導者。
- 透過分散領導，你等同於鼓勵員工對工作負責，並且在合理的限制內採取合宜的行為。
- 實際上，你也是在鼓勵主管和員工對工作負起更大的責任、強化同事間的溝通與管理，以及跨團隊和跨部門的合作。
- 採取分散領導，不表示你可卸責。你仍然得掌握部門或公司的整體狀況，並且在必要時進行干預。但是，若你召募員工時遵從巴菲特的建議（詳見「大師格言25」），就可以大幅減少這樣的情況。

自我檢視

■ 組織文化能否容許分散領導的存在？若不能，你可以改變組織文化嗎（詳見「大師格言63」）？

■ 你可以接受分散領導的觀念嗎？你有哪些顧慮？

哈羅德·季寧（Harold Geneen）

現金才是王道

現金流比利潤更重要。

哈羅德·季寧（1910－97）為美國ITT企業集團前董事長。他在多年的職涯中締造輝煌成果，並且深刻體會現金之於企業有多麼重要：

> 經營企業最不可饒恕之罪就是花光現金。
>
> 哈羅德·季寧

我其實很驚訝許多資深經理人不懂現金與利潤的差異。一家公司非常有可能有存款在銀行卻還是在虧錢；也很可能只有少量現金卻仍在賺大錢。

例如，一家公司的業績也許突飛猛進，但如果這家公司每三十天付款給供應商，而顧客卻要五十多天才結清款項的話，這家公司很快就會因為超額交易而喪失清償能力。

喪失清償能力是指一家公司沒有足夠的現金如期支付欠款。若公司在等待一筆大金額的進帳，那麼無清償能力的期間可能只有短暫幾天或幾個禮拜。在這樣的情況下，你可以向銀行申請貸款或透支服務。或者，這也可能是提醒你「麻煩來了」的早期警示。**無清償能力卻繼續交易是違法行為**。這說明了為什麼金錢才是王道，而且永遠不變。

你該做什麼

- 持續留意公司面臨無償債能力窘境的警訊，例如，供應商抱怨沒收到款項或付款延遲、延後採購必需品、物料，以及最明顯的警訊，延後發薪。
- 會計師至少每個月都向你報告現金流狀況，報告中應說明未來三個月的現金流規畫。你要知道，第一個月的精準度通常會相當高，但接下來則會越來越低。

- 如果你的現金流目前出了狀況，請務必請會計師提供每周報告，範圍應涵蓋未來十二周。
- 光是收到報告不會改善你的現金流問題。你必須採取改善行動。與你的會計師以及業務、採購、信用管理師合作，找出問題所在並採取立即的補救措施。
- 請先檢查舊的應收帳款。擬定策略追回所有超過一般條款和條件規定期間的欠款，或者客戶要求延期付款的款項。
- 問題可能在於：
  ——讓業務員繼續和付款慢或信用評等差的客戶交易。
  ——提供買家不具永續性的信用條件。你可能為了幫助一位尊貴的客戶而延長對方的付款期限，例如六十天。然而，如果你必須在三十天內發款給借款人，你不可能提供如此慷慨的條件給這位客戶。
  ——沒有提供經理人舊的應收帳款報告並要求他們採取改善措施，例如拒絕再賣任何產品給客戶，除非他們清償或減少債務。
  ——沒有在貨物寄出當天出具銷貨發票。

自我檢視

- 你是否把現金流的問題當作會計師的職責？
- 你是否了解會計師的行為會對顧客或供應商產生什麼影響？

安德魯・卡內基（Andrew Carnegie）

積少成多的重要

不斷提醒自己，控制成本很重要。

英語有句俗話說：「注意小錢，大錢就會自己照顧自己。」蘇格蘭裔美國人安德魯・卡內基（1835－1919）將這句話改寫如下，讓經理人更受用：

> 注意成本，利潤自然來。
>
> 安德魯・卡內基

利潤　　　　成本

「小事注意大事自成」的最佳寫照之一就是今井正明（Masaaki Imai）對品質的控管。他所提出的精益改善（Kaizen）思想，認為與其就單一生產程序改進10%，不如每一個程序都改善1%，整體改善的效果會比前者大更多。

這個道理也同樣適用在支出上，在 1,000 場活動中每場省下 100 英鎊，比在一場活動中省下 10,000 英鎊更簡單。

你該做什麼

● 想要基於精益改善的思想而改善開支，你必須做員工的榜樣。這表示你要言行一致。行為要有一致性，以展現貫徹改善的決心，就算其他人要求你減少15%的訓練和廣告預算，也不要妥協。長期看來，隨便刪減這些開支，會削弱公司

的成長能力。

- 走出你的辦公室，親自走訪其他辦公室和製造現場。這種管理叫做視察，你不須製作詳細的分析報告，有需要才做。看看員工在做什麼非常重要。若你觀察獨到並具備批判眼光，你就會發現很多奇怪和沒效率的事情，把這些事情寫下來。

- 與員工溝通，不要興師問罪。詢問員工遇到什麼難題，以及他們預計如何改善程序和如何落實。尤其要問他們有什麼降低成本的方法。告訴他們你希望能降低成本，而不是把整項工作或程序都砍掉。

- 回到你的辦公室，把所有想法列成清單，聯合所有相關員工，找出哪一部分最有可能真的省下錢。不要太貪心。找出能簡單且迅速省下的小錢，並讓員工明白不變動員工編制或薪資，照樣能節省成本。

- 永遠都要留意好的建議並獎勵提出建議的人。不要搶員工的功勞。如果你搶了功勞，員工將不再發表意見。若公司獲利增加，你自然能得到好名聲，我想這樣就夠了。

- 改善不能是一次性的，必須持續進行，這點你要堅持。

- 與工作上受影響的員工分享省下來的錢。

- 這些改善而得到的另類收穫，就是員工會因為自己的意見被傾聽而變得更積極（詳見「大師格言45」）。

自我檢視

- 你有沒有足夠的決心和自律去落實改善？
- 我的工作還有哪些地方可以節省開銷？

山姆・沃爾頓（Sam Walton）

不要墨守成規

> 現今習以為常的傳統，曾經也是激進和前所未有的新觀念。

　　山姆・沃爾頓（1918－92）是創立零售企業沃爾瑪的美國商人和企業家。他堅信不守舊的價值觀，而他的座右銘是：

> 逆流而上。走其他的路。把傳統拋在腦後。
>
> 　　　　　　　　　　　　　　　　　　　　　　　山姆・沃爾頓

　　山姆・沃爾頓相信逆勢而游有助於激發大大小小的點子，而這些想法則可用來改善組織的行為或表現。

你該做什麼

- 蹦出新想法並不簡單。幸運的是，你可以使用一個稱為 SCAMPER 的寶貴技巧。挑選組織內不同專業和階級的人，組成一支三到六人的小團隊，協助你尋求新想法。
- 第一次開會時，向成員解釋如何將 SCAMPER 運用在既有的產品、服務或製程中，並且討論是否這麼做有助於改良或替換現有產品。
- 作為暖身題，請團隊想出至少二十種不同的氣球或刀叉的功用。這兩種東西都能激發出有趣的點子，讓成員放鬆、開懷大笑，不用懷疑，人們在放鬆的狀態下最有創意。
- 利用 SCAMPER 法尋找新的點子，詢問成員公司是否可以：
  - ——**替換（Substitute）** 現有的零件、機械或人力資源來改良產品。
  - ——**結合（Combine）** 一種或更多的產品功能。重組人力和物力資源來改變消費者對產品的看法以及用法。

—— **調整（Adapt）**產品以利在不同場合中使用。感謝電影「格雷的五十道陰影」，手銬生產業者現在有了全新的市場，而廠商只要替基本款商品加上毛茸茸的護套就好（就我所知）。

—— **修改（Modify）**產品的尺寸、形狀、觸感、材質、味道或功能。可以加強產品的哪項特色來提升產品價值，並且提升產品對顧客的吸引力？

—— **另覓其他用途（Put to other uses）**，你只要思考日常生活中常見的簡單東西，例如磚塊或迴紋針所具備的多種用途，就會發現連很平常的物品都很少發揮潛在的所有功能。

—— **消除任何要素（Eliminate）**，在不影響效能和產品魅力的前提下，簡化產品、程序或改變產品。例如，手機製造業者現在知道機身厚、按鍵大、功能簡化的手機也是有市場的，因為年長的顧客喜歡這類型的手機。

—— **反轉（Reverse）**或反向思考長期以來的產品製程或行銷方式。例如，Roberts公司推出一系列1950和1960年代造型的DAB復古收音機。

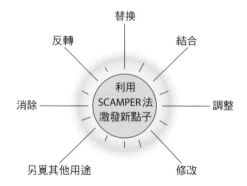

● 一旦整理出幾項有可能改變的項目，就針對每個項目的成本／獲利進行評估，若經費上允許，則進行小規模的實用性測試。

● 若測試結果還行，將你最好的想法告訴高階主管，獲得他們的同意／執行，並且準備好捍衛你的想法。

自我檢視

■ 我需要誰的支持才能執行新想法？

■ 誰最可能反對這些新想法？我該怎麼將他們對決策的影響降到最小？

傑夫‧貝佐斯（Jeff Bezos）
二招擴展事業版圖

思考團隊或公司的成長策略。

傑夫‧貝佐斯（1964－ ）是亞馬遜公司的創辦人兼董事長，他在車庫創建了亞馬遜。不到二十五年，亞馬遜已經成為跨國巨擘。因此，我想我們應該聽聽他對壯大公司有什麼看法：

> 擴大事業版圖有兩種方法。做你擅長的事，利用你的技能擴大發展；或者，掌握顧客的需求、反向操作，就算你要學習新技能。
>
> 傑夫‧貝佐斯

你該做什麼

- 任何有關擴大營運的決策，當然都是需要計畫的戰略決策。因此，請閱讀第8章的內容，選出最適合你目前狀況的資訊。

- 請注意，傑夫‧貝佐斯提供的並非二元選項。你可以結合他所說的兩個方法。在事業的初步階段，你或你的員工可能會忙到沒空學習新技能。這表示你必須用現有的技能帶動公司成長。

- 利用初期的擴展工作，強化組織的現有技能。找出你能發揮或改善的地方。從創業初期所犯的錯誤中學習，例如，交易過量。不要重蹈覆轍（詳見「大師格言5」）。

- 如果你決定從顧客需求去擴大營運，那你必須先確認顧客想要的是什麼。許多企業在這方面顯然做得不夠好。就算你直接問別人他們想要什麼，通常他們說出口的答案和他們真正渴望的還是不一樣。另一種情況是，人們親眼看到了東西，才發現自己想要它。例如，在盛田昭夫發明Sony隨身聽之前，根本不會有人吵著要一台攜帶式的個人音響。很多公司提供的產品和服務，都是他們**以**

為顧客想要的,而不是顧客**真正**渴望的,這一點也不奇怪吧?

- 想知道大家真正想要的東西,需要專業的市場調查以及公司第一線員工所掌握的資訊。業務代表和其他平常與顧客有接觸的員工,掌握了豐富的資訊,了解顧客的渴望和喜好。讓這些人組成小團隊,丟出開放式問題,讓他們討論和辯論。以這種方式得到的資訊會遠多於市場調查,但仍需要謹慎分析。

- 當你掌握顧客的需求後,請展開員工訓練需求分析。記錄每位員工所擁有的技能和純熟度。將員工現有的技能與擴展營運所需的技能和知識進行比較,兩者之間的落差,必須靠培訓來彌補。

自我檢視

- 我上一次參加訓練是什麼時候,有和員工一起上課嗎?
- 我將教育訓練視為投資公司的未來或者成本?

菲利普・科特勒（Philip Kotler）

創造市場

尋找並開發新的市場。

菲利普・科特勒（1931－）是位美國作家和顧問，他在行銷方面有超過五十本以上的著作。他也是美國伊利諾伊州西北大學凱洛格管理學院國際行銷學的教授。他指出：

> 好的企業滿足需求，偉大的企業創造市場。
>
> 菲利普・科特勒

保羅・蓋帝無疑是創造市場的最佳典範，他在汽車還是富豪專屬交通工具的時代，就在全美國蓋了許多加油站。他這麼做不但提供了汽車產業的發展條件，也連帶為自己的煉油產品創造了市場。真是天才。

你該做什麼

- 利用「大師格言 6」的方法，找到有助於你開發新市場的全新商品或改良商品。
- 金偉燦和勒妮・莫博涅提出的藍海模型，區分了紅海和藍海策略（BOS）。這個模型雖然沒有教我們如何創造新市場，卻提供了一個有價值的思考方式，協助企業如何自我定位，例如：

紅海策略論述的是既有市場。 管理內容包括……	藍海策略論述的是新市場。 管理內容包括……
■ 聚焦於如何在既有市場中贏得競爭。 ■ 目的是最大化既有需求。 ■ 選擇價值／成本抵換，並隨時調整策略。 ■ 認為運用藍海策略必須使用新科技。	■ 找出沒有競爭者的新市場。 ■ 尋找、創造並利用新需求。 ■ 擺脫價值／成本抵換的思維。 ■ 不認為藍海策略只能單靠新科技。傳統技術照樣能提供機會。 ■ 企業文化、策略、製成及活動皆以產品差異化和低成本為核心。

- 思考新市場時，你和／或你的團隊必須決定哪些業界標準：
  —— 可以被忽略／刪除
  —— 應該低於目前的業界規範
  —— 應該高於目前的業界規範
  —— 可以建立提供給顧客的新標準
- 你在思考上述問題時，必須以顧客價值為導向，而非企業競爭。如果你找對了，你的藍海中將沒有競爭者（至少一開始不會有）。
- 找出風險最小的潛在藍海。你的行為已經很冒險，不用再挑一個高風險的領域。
- 眼光放遠。
- 忽略目前的市場需求。你要找的是未獲得滿足的需求，這就是保羅‧蓋帝做過的事。
- 專注建立一個能確保長期獲利的商業模式。盡可能掌握所有產品的成本和現金流細節。
- 為了將反對聲音降到最小，你應該讓員工參與計畫，並且隨時保持良好溝通（詳見「大師格言66」）。

自我檢視

■ 我是否已經做好足夠的準備建立一個新市場並承擔風險？

■ 冒險前，我需要哪些隊友？

勞倫斯 · 彼得（Laurence J. Peter）

很多人都晉升到不適任的職位

提醒自己，要隨時評估所有員工的表現。

　　彼得原理由勞倫斯 · 彼得（1919 － 90）提出，他是加拿大的教育學家和階層組織學家，長期關注組織結構和階層。他的研究成果經常被當笑話看待，但其實當中含有許多具有價值的見解，直指組織階層的本質。他最為人所知的一句話就是：

> **在階層組織中，每個人都會被擢升至其不能勝任的職位。**
>
> 勞倫斯 · 彼得

　　很多人認為這個原理是錯的，因為這表示所有組織裡的主管都不適任，因此很快就會下台一鞠躬。這樣的解釋是錯的。彼得認為許多主管做的工作都低於他們自己的能力，而其他員工也沒升上不適任的職位，因此，組織可以持續興盛。而當所有主要職位都被不適任的人占據時，組織的麻煩就來了。

你該做什麼

- 你絕不能認為某項工作或職位一定適合某個員工。因此，請在僱傭合約內設定試用期間保護自己，讓你可以在期間內終止合約。
- 為了鼓勵你的員工升遷，在合約內保障員工可以回到原本的職位或者另一個薪資和地位相等的職位。
- 在決定員工是否適合新職位前，請針對員工的表現進行評估，該評估必須考量到員工對新工作比較生疏。該評估應該在試用期結束前進行。這樣一來就有時間採取改善措施，包括提供教育訓練或指導。
- 不要讓實習生直接轉正職。這會影響你的財務決策，累積成本可能高達好幾百

萬。

- 如果表現傑出的員工想留在原本的職位上，就遵從他們的意願，並且獎勵其優良的工作表現。不是人人都想升遷。很多人喜歡自己目前的工作，而且很清楚即使他們在新職務上一樣可以做得很好，但卻無法得到成就感或維持工作與生活平衡。

- 你必須知道，透過面談來選拔是一個很爛的方式，因為員工工作時並不需要面談技巧。運用華倫‧巴菲特的建議來提升你挑到明星員工的機會（詳見「大師格言25」）。

- 請記住，如果有些愚蠢的職位原本被廢除了，卻有人又重新開出這職缺，代表開這些職缺的人已經不勝任他們自己的職務。通常這些人堅信自己有足夠的智慧，理應掌管一切。最好盡早擺脫這些人。

自我檢視

- 我是否已經達到不適任的位子？哪一位員工已經達到不適任的職位？
- 我真的想要升官嗎？或者我升遷只是為了回應別人的期待？

華倫・班尼斯（Warren Bennis）

衰退的組織需要的是領導而非更多的管理

必須懂得放手，並賦權給員工。

華倫・班尼斯（1925－2014）是一名管理顧問、作家以及新領導學的先驅學者。他從研究和顧問經驗中發現：

> 沒落的組織通常都是因為管理過度且領導不足。
>
> 華倫・班尼斯

華倫・班尼斯認為許多組織管員工太多，導致員工失去熱情和獨立自主。當工作出問題，管理階層傾向於認為需要更嚴格管理員工、更多的規範及程序，但通常他們只需要授予員工裁量權和解決問題的權力即可。畢竟員工比高層更明白問題在哪以及如何解決。管理階層只要給員工自由發揮的空間就可以了（詳見「大師格言45」）。

你該做什麼

- 一個組織衰退的原因，就在於對環境改變和威脅的反應太慢。想要生存，你必須擁有彈性且可以獨立做決策、不必事事聽命行事的團隊。
- 彈性自主的員工不是一天可得的。在適當的環境中才能培養出這樣的員工。參考葛洛夫（詳見「大師格言65」）的建議，以明確的原則和規範管理員工，而不是一堆繁瑣的指示。如果你能做到，員工將學會主動應對危機，並且有足夠的自信做決定。
- 認清你不可能凡事自己來，或預知所有的可能性。指派優秀的人選（詳見「大師格言27」），放手讓他們去做。不要過度干預。你的目標是打造一個組織，你只給架構，剩下的則讓員工發揮裁量權，員工只有在沒把握或該問題他

們不具備決策權的時候，才會尋求你的協助。

● 運用這套方法時，你就是授權員工領導權，讓他們決定怎麼做。這表示不必把所有的細節都規定在程序或步驟中，而是讓員工發揮創意和智慧即時處理問題。

自我檢視

■ 我是不是控制狂？我的員工覺得我是控制狂嗎？

■ 我在決策和會議中，會不會管太多？

結語

這章的 TOP 10 格言是：

> **一家公司存在的唯一理由就是創造（以及留住）顧客。**
>
> 彼得‧杜拉克

我之所以會挑選彼得‧杜拉克對組織目標的解釋，有兩個原因。

第一，我已經聽膩了大家把組織的目標放在利潤最大化。一個組織如果想要最大化利潤，就要願意承擔最大的風險。我不認為多數股東或經理人可以允許這麼大的風險，股東和經理人想要的是，在低度或最小的風險下，獲得合理的投資利益。他們要的是滿意的、而非極大的獲利。

第二，這句話告訴我們賺錢之前要先抓住顧客的心。做生意沒有先有雞還是先有蛋的問題。沒有顧客就沒有獲利。

給你帶走的一堂課

這章所討論的格言涵蓋了廣泛的議題。如果你具備特定專業素養，或許你還是會覺得很難找出其中的關聯。這點我可以理解。但是，如果你想追求卓越，你必須讓自己的思考不要像個會計師、工程師或人事主管，你必須用經理人的頭腦來思考。

不要再透過自己的專業和單一角度去看待組織，把組織的複雜細節和各種關係都放在大螢幕上檢視。工廠設備老舊所引起的問題，不光只是工程問題，裡頭也涵蓋了財務問題（要花多少成本汰換機器？）和人力資源課題（我們需要同樣的人力來操作機器嗎？）。

第二章
自我管理與職涯管理

導論

大部分的人不是自己經營事業，而是上班族。他們不把工作當作畢生志業。相反地，工作只是他們用來支付帳單和投資愛好的手段。這種想法沒有錯。不是人人都想奉獻所有的時間和精力在創業上。

對於有心創業的人來說，本章提供了豐富的智慧，鼓舞並引領你開創自己的事業。本章組成如下，相關的格言：

- 11到15是關於你的心態，以及你必須付出哪些貢獻。
- 16到18概括了三種你必須運用的策略，你的事業才會成功。
- 19到20教你決定花多少時間在你的事業上，並且如何充分運用時間這項有限的資源。

我很喜歡以下兩位時代偉人的格言，但並沒有收錄在本章中。五百年前，米開朗基羅說：

> 對多數人來說，最可怕的事，不是把目標設定得太高卻達不到，而是設定得太低並且達成了。　　　　　　　　　　　　　　　　　　　　　　　米開朗基羅

很多時候，我們喜歡任意在自己身上加諸限制，導致我們做不到原本可能做得到的事。目標高，但差一點就成功了，比目標低但達標了，更令人滿足。為什麼？因為你知道你盡全力了。你沒有打安全牌，就算你失敗了，你得到的也比安安全過關更多。

但如果你決定放手一搏，就要記住二十世紀文化偶像貓王的名言：

> 野心就是一個擁有 V8 引擎的夢想。　　　　　　　　　　　　　　　　貓王

如果你的目標很高，那你要有雄心、膽量以及媲美 V8 引擎的力量，才能夢想成真。

當你閱讀這一章時，上面這兩句話也請銘記在心。

西奧多‧李維特（Theodore Levitt）

如何把工作變事業

把工作當成事業，兵來將擋，水來土掩。

李維特（1925－2006）是哈佛商學院的經濟學教授，他在推廣「全球化」這個概念上扮演了關鍵角色。他表示：

> 你的職業就是你的事業。
>
> 李維特

有些經理人似乎直接把這句話照表宣科，把時間都花在讓自己的履歷看起來更漂亮，而不是做對組織有益的事。

在 *The Little Book of Big Management Questions*（《一本看懂管理的大問題》）這本書裡，我將員工分為三類：

- **員工**不在意晉級或升遷。他們真正有興趣的是工作以外的事，例如當業餘演員、歌手、足球員等等。
- **戰士**工作認真且野心勃勃。他們是所有企業的未來，值得好好栽培。
- **流浪者**把精力都放在提升自己的職涯發展。他們所有的決定都是基於「怎樣對他們最好」。他們樂於改變，因為這樣讓他們的履歷更吸引人，但他們通常在做出改變後，還沒看到整體的結果前（通常都是大災難）就走人。他們有偶像包袱，特別注重自己的形象。

這三種人中，戰士類型的人，要特別留意自己在努力工作和呈現專業形象之間取得平衡，免得被視為只是一般的員工。

你該做什麼

- 第一印象非常重要（詳見「大師格言 13」），所以你的打扮和展現自己的方

式很重要。

——遵守組織的服裝規定。如果大家都走慵懶、時尚休閒風，你千萬不要穿三件式西裝上班。

——問問你的朋友或同事，他們受不了你怎樣的習慣，並且改掉它。例如，你會不會：每句話都加「然後」或者咬自己頭髮。「OK」是另一個應該改掉的口頭禪。OK？

• 展現自信，但不傲慢，尤其是你感到緊張的時候。站挺、保持微笑，說話時正視對方。

• 加強你的溝通技巧。大家會用你說話和寫作的方式來評判你這個人。說話和書寫都要盡量簡單明瞭，別學有些蠢蛋故意用艱澀的詞彙展現自己的專業和聰明。完全沒這回事！這種方式超蠢又尷尬。

• 我們都會有不順遂的時候，但至少每天都要在工作上盡八分力。

• 會計師、律師、醫師都應該把客戶的利益擺第一。作為一位專業的經理人，你的客戶就是組織，所以請見機行事，做決策時以組織的利益為優先。

• 為你的誠實和廉正建立好名聲（詳見「大師格言13」），並且，一旦博得信譽後，就要保護、加強、捍衛它。

• 在組織中找到學習的榜樣，模仿他們的行為。最後，你會走出獨特的風格，並且不必再當學人精。

• 讓自己的專業知識與時俱進。學習能強化專業的新技能（詳見「大師格言71」）。就算你現在不打算跳槽，每年至少也要參加一次工作面試。這樣當你想換工作時，才能駕輕就熟。

• 運用社群媒體和私人的交友圈，為自己的事業建立人脈。積極參與專業和貿易組織的活動，利用口頭報告等職場上的機會，讓資深主管或董事會眼睛一亮。

自我檢視

■ 當我做決策時，我先考量的是誰的利益：自己的、部門／員工的，還是組織的？

■ 我需要一個學習榜樣嗎？如果需要，組織裡有沒有人值得學習？

亨利・福特（Henry Ford）

追求夢想

如果你做的是自己喜歡的事，你就不會覺得這只是份工作。

亨利・福特（1863－1947）是美國的工業家、福特汽車的創辦人。身為量產世界霸主的他，對人性有敏銳的洞悉。他認為：

> **成功人生的唯一祕訣就是找到自己的命運，然後去實踐。**
>
> 亨利・福特

你該做什麼

- 找到生命中想做的事，然後去做。聽起來很簡單。但問題是很多人不確定自己想做什麼，最後就隨便找份工作。大家通常很清楚知道自己不喜歡目前的工作，但又幻想要過著理想的生活。如果這就是在說你，不妨試試以下方法。拿出一張紙，在最上方寫下你想做的事。在中間垂直畫一條線。左欄列出驅動你換工作的力量。右欄列出把你拉回現實、保持現狀的阻礙。

- 寫下任何你所想到的事，從微不足道的小事到舉足輕重的大事。花幾天的時間來寫這張清單，一有新想法就寫進去。

- 完成後，坐下來為每一個因素打分數。分數沒有上限，你也可以給好幾項因素同樣的分數。

- 如果其中一或兩項因素的分數遠超過其他，就要特別關注它們。例如，如果成為演員的吸引力是200分，而害怕失去家庭收入的恐懼是190分，那其他的因素就變得不重要了。如果是這樣，那你必須跟夥伴、家人一起決定該怎麼走下一步，他們或許知道怎樣才能補足你在過渡期減少的收入。或者，他們也可能強烈反對你轉換跑道，而你面對的真實困境就是，一旦轉換跑道，你可能會失去家人。總之，你會知道難題在哪裡。

- 如果左右兩欄都沒有強大的因素，那就把兩欄的分數各自加總。假設拉力（保持現狀）的總分是110，推力（改變）的總分是130，顯然你就是應該選擇改變。但如果你還是猶疑不定呢？那你就必須重新打分數。你對自己夠誠實嗎？你是否誇大了推力或者對於真正的阻力避重就輕？
- 無論最後改變或維持現狀的分數結果如何，整個思考的過程才是最重要的。透過檢視每項因素，你會發現自己釐清了哪些是推力、哪些是阻力。比起只在腦海中想像，這個方法會讓你做出更有智慧的決定。

自我檢視

- 在一個理想的世界裡，你會從事什麼工作？
- 我從事的是我喜歡的工作嗎？如果不是，是什麼原因阻止我追求夢想？

戴爾・卡內基（Dale Carnegie）

別人是怎麼認識你這個人

管理好你留給他人的印象。

戴爾・卡內基（1888－1955）是作家兼企業家，他非常關心人之間的互動，以及為什麼有些人對他人的影響力硬是贏過其他人。他認為：

> 我們用四種方式與世界互動，並且也只有這四種方式。而別人就是以這四種方式為我們打分數和分類：職業、外貌、內涵、談吐
>
> 戴爾・卡內基

有鑑於我們只有五種感官，因此我們必定是用眼睛觀察別人的舉止和外貌、用耳朵聆聽別人的聲音和所說的話，進而評價這個人。我們偶爾也會用氣味來評斷別人，如果那個人散發出體臭、香水太濃，也會讓我們受不了、感官麻痺。

你該做什麼

• 在史前時代，迅速判斷一個人是敵是友的能力攸關生死。如果你在叢林裡遇見陌生人，你只有幾秒可以判斷這些人是友善的，還是會往你頭上扔斧頭。在現代，我們仍然會在別人開口前，對他人建立主觀印象。我們在潛意識裡問自己：「這個人是不是自己人？」所以，在職場上要穿著得體、行事合宜。每個組織和部門的作風都不一樣，你很快就會抓到精髓。如果你是第一天上班、還搞不清楚狀況的菜鳥，正式、優雅、保守或許是最好的選擇。

• 不久前，人們還會用口音來評價一個人。謝天謝地，自1990年代起，這個隔閡已經打破，社會開始歡迎多元口音。不管你有哪種口音，最重要的是講話要清楚並使用正確的文法。若別人聽不到或聽不懂你在說什麼，你又怎麼可能影響他們？講話不要含滷蛋、直視你的聽眾、放大音量讓別人可以聽到，並且帶

著自信（詳見「大師格言14」）。

- 你說話的內容顯然非常重要。如果你胡說八道，就算你講得再好聽，都會顯得很愚蠢。除非你懂，否則不要亂吹噓。太多人喜歡高談自己根本不懂的事情，然後，當真正的專家跳出來糾正或駁斥他們的時候，他們的膚淺和外行立刻顯露無遺。

- 而你該做的，是形塑廉正專業的形象。大家都會尊重、傾聽並且追隨他們信任的人。如果你的行為展現出你對他人的尊重、公平與公正，並且你絕對不會為了己利而利用他人，或竊取他們的想法，那麼你的剛正不阿將迅速為你建立起名聲。

- 除了廉正外，獲得聲望的方式還包括妥善處理工作或者行事作風有別於其他經理人。說話要替自己留後路，如果你答應「我會在周五前完成。」最好也能讓成果超越承諾，例如在周四前就完成工作（詳見「大師格言79」）。

自我檢視

- 我知道別人怎麼看我嗎？我是否問過朋友或同事別人眼中的我？
- 我是否以貌或聲音取人？

亨利・福特（Henry Ford）

自信與自我懷疑（TOP 10）

建立自信和擺脫自我懷疑。

亨利・福特（1863－1947）用以下這句話告訴我們，為什麼有些人會成功，有些人卻失敗，而且成功與失敗和家世背景、智慧或機運都沒關係。一切的關鍵都在於自信：

> 認為自己做得到，和認為自己做不到的人，都是對的。你是哪一種人？
>
> 亨利・福特

只有精神病患者、政治人物及其他瘋子才會嶄露完全的自信。大部分的人都會自我懷疑，也因為這樣，我們才會成為通情達理且謹慎的人。然而，你絕對不能因為自我懷疑，而放棄自己真正想做的事。你或許會因為無法掌控外在因素而失敗，至少你試過了。但如果連試都不試，那你注定要失敗和後悔。

你該做什麼

- 你可以把前第一夫人安娜・愛蓮娜說的「每天做一件自己害怕的事」當作人生哲學，並且藉此增加自己在各方面的信心。這一件事不必是什麼壯舉，你可以要求自己在公開會議中發問，或者在舞池上邀請你認為最帥的男士、最迷人的女士跳支舞。從生活中的小事開始嘗試，有助於你舒緩面對大場合的恐懼。

- 一般而言，我們在面臨新任務或狀況時，會缺乏自信。一旦你完成任務或處理好棘手的事後，所有的緊張都會一散而去。所以，逼你自己接受新挑戰。主動做你害怕的事，持續這個習慣，你很快就會發現自己處理新任務和狀況的信心翻倍成長。你可能還是會有點擔心，但這並不足以使你放棄自己想做的事。事實上，你需要一點緊張的情緒促進腎上腺素的分泌，讓你達到最佳表現。

- 請記住，若連你都懷疑自己的能力或提議，那你的老闆、同事及員工為什麼要聽你的？
- 永遠表現出自信的一面，尤其是當你恐懼時。你的感覺不重要。老闆、員工、同事、競爭者、生意夥伴、銀行對你的看法才是輸贏關鍵。與朋友或家人吐露你的擔憂，但絕對不要跟同事討論。裝出自信的樣子，久而久之你就會真的有自信。
- 最後，透過信心喊話和打造正面形象來增加自信／信念，並且用你覺得最開心的方式慶祝自己的成功——因為你值得（我是看一堆電視節目）。

自我檢視

■ 從1到10分，以10分為最高分，你在工作、社交及正式場合上的信心指數有多高？如果你各方面的分數都不超過7分，要怎麼改善？

■ 為什麼我會缺乏自信？是不是小時候別人對我說了什麼？如果這是原因，為什麼我要讓這麼久遠的事影響現在的我？

莫莉・薩金特（Molly Sargent）

投資你手邊最重要的資產──你自己

必須活到老學到老，提升個人和擔任經理人的能力。

　　莫莉・薩金特是一位管理顧問兼顧問公司 ProImpress 的創辦人，她關注組織和個人發展議題。因此，她常問各階層的主管：「花了多少錢在個人發展上？」然而，她用截然不同的方式闡述這個問題：

> 今年你投資在自己身上的錢，有沒有跟花在車子上的一樣多？
>
> 莫莉・薩金特

　　所以，你有這麼做嗎？

我的未來　　　　我的車子

你該做什麼

- 我們最大的資產是自己，但若沒有持續保養和進步，資產會逐漸老去。對我們而言，保養表示讓自己的專業與時俱進，而進步代表我們必須學習新技能。想達到這個目標，你必須進行年度訓練需求分析。
- 訓練需求分析的內容包括：
  ──列出你具備的技能和能力，評估自己的程度，例如初級、中級或專家程度等。
  ──列出你需要哪些技能，才能完成高水準的工作。

——比較這兩份清單，找出技能或程度上的落差。

——擬定計畫，讓差距消失。

- 雖然你可以自行分析訓練需求，但找專家協助你會更好。他們會深入探討並質疑你的想法，並且提供你進步的意見。請一位在教育訓練部門工作或擔任人資的朋友幫你。

- 想要解決你的問題，你可能需要看書、向專家學習處理某項特殊工作、向員工學習、參加辦公室／供應商的訓練課程等。這些簡單又低成本的方式將大幅改善你的生產力，甚至你會發現自己其實只用了新電腦系統／機器的小部分功能而已。不相信？你認為你或你的員工用了幾成 Excel、PowerPoint 或 Word 的功能？

- 更正式的訓練計畫，則是短期課程或準備證照考試。

- 當你知道自己需要什麼後，你必須肯花時間和金錢在訓練上。沒錯，想辦法讓公司補助你部分或全額學費。但如果公司不願意，**那你就自己付！**畢竟，訓練的最大受益者是你。

- 學習公司不熟悉或缺乏的專業技能。例如，會計師可以報考網路安全的證照。這會讓你在升遷、找工作時更有競爭優勢，並且提升你的專業能力（詳見「大師格言71」）。

- 每年留一筆錢投資自己的專業技能，然後**花光這筆錢**。

自我檢視

■ 去年我花了多少小時在專業發展上？

■ 去年我花了多少錢在專業發展上？

安德魯・卡內基（Andrew Carnegie）

你為什麼不能凡事都一肩扛下

想要成功，就要懂得委派工作。

安德魯・卡內基（1835－1919）是蘇格蘭裔的美國工業家和慈善家，從事鋼鐵業致富，而儘管他打造了一個規模龐大的組織，他仍謙虛地說：

> 一個喜歡一肩扛下或獨攬功勞的人，不可能建立偉大的事業。
>
> 安德魯・卡內基

你該做什麼

- 先採用華倫・巴菲特的建議，指派合適的員工（詳見「大師格言25」）。一旦你把工作交給適當的人選，就不要妨礙他們做事（詳見「大師格言27」）。

- 檢視你委派出去的工作。列出你上個月委派出去的工作。以初階、中階及高階來分析這些工作。如果你委派出去的都是簡單的任務，不讓員工接觸有趣和有意義的工作，可能會讓他們變得消極（詳見「大師格言45」）。

- 若你擔心分派工作會造成失控，或擔心被人說把工作丟給員工，那麼請使用肯・布蘭佳和保羅・赫塞的情境領導理論來委派工作。這兩位學者認為，當你指派員工新工作時，必須事先了解員工需要怎樣的指導和支持。指導代表的是你提供的具體工作指令；支持指的是當員工有能力完成工作時，你必須給予保證、鼓勵及支持。該理論基於不同程度的指導和支持，發展出四種委派工作的策略：

委派工作的方式	工作行為
教練型	高指導、高支持，因為員工缺乏相關工作的專業知識、自信／信念。
指導型	若員工擁有自信但缺乏工作經驗時，則可採取高指導低支持的指導型模式。
支持型	高支持、低指導，當員工具備相當的工作經驗，但會擔心做不好新工作。
授權型	若員工擁有高階技術且信心十足時，則採用低支持、低指導策略。

- 選一位最適當的工作人選。簡單告訴他們工作需求，了解他們的感受。並詢問「你能否說明你會先做什麼？」、「對於我的要求，你有任何疑慮嗎？」之類的問題。
- 從討論中，挑選出你認為最恰當的工作委派模式。
- 設定工作完成日期和工作目標。
- 如果該工作需耗時多周才能做完，可先預定初期會議時間，討論進度。基於開會內容，再決定需不需要安排更多會議。
- 向員工強調，如果有任何問題，一定可以馬上找到你。
- 請記住，員工不會依序在上述四種領導模式轉換。每當你指派新工作／任務給一位員工時，就要先決定好採取哪一種模式。

自我檢視

- 我委派工作的頻率是多少？
- 當我指派工作時，要花多少時間解釋工作需求？

湯瑪斯・愛迪生（Thomas Edison）

毅力而非靈感，才是成功之鑰

諸事不順時，如何激勵自己。

　　湯瑪斯・愛迪生（1847－1931）是美國發明家和奇異公司的創辦人，據說他發明燈泡時失敗了999次，第1000次終於成功。這段故事可能是他編出來的，目的是要告訴我們毅力之於成功有多麼重要。

> 生命中許多的失敗，都是在他們放棄時，卻不知道其實成功就近在咫尺。
>
> 湯瑪斯・愛迪生

　　很多時候，當我們一開始就把專案最困難的問題都解決了，卻還是半途放棄了。因為當初的熱情被磨損消散，專案的完成似乎遙遙無期，且到目前為止你的付出看起來都像是白費功夫。我知道這種感覺，我管理過許多專案、我寫過書，會有這種感受是很自然的。所以，深呼吸一口，然後繼續做下去吧。

你該做什麼

- 從事所有困難的工作時，心裡都會覺得難以成功，請接受這種感覺。你累，你的團隊也疲倦。你失去了一開始投入專案的熱情，一切似乎永無止境。這種時候，你必須記住溫斯頓・邱吉爾所說的：「永不懈怠。」
- 做好準備，處理無可避免的攻擊。當你處理專案而感到脆弱的時候，攻擊就會趁虛而入。愛根在他的陰影面理論主張，想成功的經理人，必須妥善處理組織內各種不同的利益關係人。他將利益關係人分成九種（詳見 *The Little Book of Big Management Theories* 一書）。其中兩種類型最有可能攻擊你，分別是反對者和敵人。反對者反對的是專案，而非針對你個人，敵人則對你及你的專案不滿。他們會在你和專案最脆弱時，也就是已經砸下時間、努力及金錢卻拿不出

具體成果時，給你痛快一擊。

- 你必須預期這些攻擊會出現，並拉攏你的支持者做好迎擊的準備。根據愛根的主張，支持者包括贊成專案的夥伴以及同盟者，在有足夠信心的狀態下，他們就會支持你。

- 找出所有可能被攻擊的點，例如太貴、沒用、有其他更好的替代方案等，為每一項弱點提出最有力的反駁。避免情緒化。用事實和數字說服他人。

- 請記住，若有人提出改變的議題，就會有更多人受到氛圍的感染。除了應付你的反對者外，也別忘了鞏固你的夥伴和同盟。

- 這個理論與組織政治有關（詳見「大師格言61、73」），若你不懂組織政治如何運作，你就會慘遭其他深諳其道的玩家撂倒。

自我檢視

- 遇到難關時，我可以依靠誰？我知不知道誰會攻擊我？而我有沒有因應策略？
- 我是否已經做好參與組織政治警力攻防的準備？我需不需要進修？

比爾・沃金斯（Bill Watkins）

永遠不要向經營階層徵詢意見

提供答案的人比問問題的人想得更多，也要求更多。

比爾・沃金斯（1953－）是一位美國企業主管以及希捷科技的前執行長，他在2006年的《財富》雜誌中提到一句所有經理人都應該知道並遵循的至理名言：

> **永遠不要問各位董事有什麼想法。只須告訴他們你要怎麼做。**
>
> 比爾・沃金斯

比爾・沃金斯的這句話，也適用於你所有的主管或團隊。如果你問其他人有什麼想法，他們就會覺得有義務要生出點什麼給你，就算他們提出的想法再愚蠢不過，你都得評估和重新報告，並向他們解釋（態度和善地）為什麼紅襪把貝比魯斯賣給紐約洋基是最爛的想法。

你該做什麼

- 你向主管／董事會進行書面或口頭報告時，一定要先做足功課、評估所有主要的議題和可能的做法。有了充分的準備，你會發現會議上你是最懂相關議題的人。

- 你既然身為該議題的專家，就是可以提出最有效建議的人。如果你做不到，那你的主管／董事會就會從他們膚淺的角度進行討論和提供建議，然後你就得重新評估，更糟的情況是你得執行他們想出來的半吊子方法。沒錯，我承認他們偶爾會想出不錯的解決方案，但就我或比爾・沃金斯的經驗來看，這樣的機會並不多。

- 將你的口頭或書面報告整理得井然有序，依序向人解說議題。在報告中簡單討

論你認為可行和不可行的方案，這樣就不會有人事後提出同樣的方案。

- 不要冷不防地給你的主管／董事會驚喜。在介紹過議題內容後，你的報告應該一步一步往提議鋪陳，讓他們的思考保持在同一方向。如果做到這一點時，你最後的提議就會像是唯一可行的方法。

- 撰寫報告／說服他人的技巧，跟其他技能一樣，都是可以從實務中學習和精進的能力（詳見 *The Little Book of Big Management Questions* 中有關書面和口頭報告的建議）。

- 比起提出問題或詢問他人的看法，提供解決方案絕對能讓人對你印象加分。提出好的、清楚及切實的建議，別人會認為你是一個有自信、專業、能解決問題的人。如果你事業想要攀上巔峰，這些都是你必須建立的特質。

自我檢視

■ 我是否經常在報告時詢問老闆／董事會的看法或提議？

■ 如果接受專業指導，讓我的書面和口頭報告更具說服力，對我有沒有好處？

安德魯・卡內基（Andrew Carnegie）

全力衝刺事業

想要超凡卓越，只付出75%的努力是不夠的。

　　安德魯・卡內基（1835－1919）是美國十九世紀最偉大的工業家之一，他之所以能從一間位於蘇格蘭丹弗姆林的紡織工人小房子，一躍成為全球知名的人物，靠的並不是只投注部分的精力在工作上：

> 一般人付出約25%的精力在工作上。這個世界是向那些付出50%的人致敬，並為少數那些付出100%的人而翻轉。
>
> 安德魯・卡內基

　　卡內基一定難以理解現代人所追求的工作與生活的平衡。對他而言，工作就是他的生活。對於那些非凡的藝術家、人文及科技學者來說也一樣。只有少之又少的人可以不費吹灰之力達到卓越。

你該做什麼

- 你必須決定要花多少時間和付出多少努力在事業上，以及你可以為你的夢想做出怎樣的犧牲。除非你願意「全心全意」，否則永遠無法站上高峰。
- 無論你的年齡或地位如何，如果你想要從群眾中脫穎而出，就必須有自己的職涯策略（詳見第二章）。
- 先為自己設定一個最終目標。盡可能詳細描述這個目標，以及目標達成後會有什麼感受。這樣的「願景」有助於你在遇到困難時——而且你一定會遇到困難——仍堅持不懈。
- 設定幾個小里程碑，讓你一步一步達到最終目標。將最終目標分解成短程目標（一年內）、中程目標（二至五年）及長程目標（六至十年）。請注意，設定

一年以上的目標，就像許願那麼飄渺不定。因此，你應該時常依照現況更新計畫，以納入新資訊並檢視你的成敗之處。

- 確保你的小目標都有符合 SMART 原則，也就是……

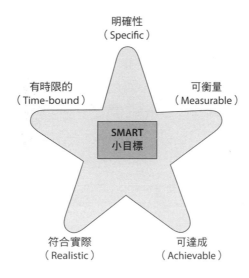

明確性
（Specific）

有時限的
（Time-bound）

可衡量
（Measurable）

SMART
小目標

符合實際
（Realistic）

可達成
（Achievable）

- 你已經大概知道自己的目標和達成方法。現在，你要問自己是否願意付出成功的代價。追求成功等於做出犧牲。算一算你花在其他活動的時間。這些活動包括家庭生活、社交應酬、睡眠、興趣、度假等等。你願意放棄哪一個來實現抱負？這個問題很難，但你必須回答。
- 除非你從事的是寫作等可以獨立完成的工作，否則你需要別人的協助來達成目標。因此，你要學習分派工作，才能提升自己的生產力（詳見「大師格言 16、27」）。

自我檢視

- 我需要再花多少時間工作才能達到目標？我要怎麼擠出這些時間？（詳見「大師格言 20」）。
- 如果我不想犧牲休閒時間，我是否需要重新審視目標？或者我能不能利用更聰明和有效率的工作方式（分派更多工作出去）來達成目標？

湯瑪斯・愛迪生（Thomas Edison）

節省時間

控管好你的時間，並達成目標。

愛迪生（1847－1931）一生總共取得超過一千項發明專利。儘管很多都是由他的員工所發明的，但他卻是員工背後的那盞創意明燈。如果他蹉跎光陰，那他便不可能有這番成就：

> 我們不可能買、租或僱用更多時間。時間的供應量是固定的。無論需求多大，供應量都不會增加。
>
> 湯瑪斯・愛迪生

克服這個問題的辦法，就是該工作的時候工作，該玩的時候玩，不要一心二用。

你該做什麼

- 學會拒絕別人。不要讓別人偷走你的時間。愛聊天的同事可能會從他的朋友一路聊到他昨天晚上看了什麼節目，不要讓這些閒聊占用你的時間，也不要幫同事收爛攤子。學會以各種方式拒絕，如果需要的話，去上自我肯定訓練課程。
- 詳細記錄每周工作日誌，並且——沒錯——也要記錄聊足球和八卦的時間。你會嚇到自己竟然說了這麼多垃圾話。
- 利用艾森豪的時間管理矩陣，以節省時間來做重要的事情，這樣有助於你達成里程碑和最終目標。先分析所有的工作，把工作分類成以下類型，按照每一類型的建議去做。

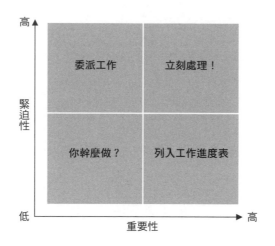

——立刻處理！：老闆分派下來的緊急工作。

——**列入工作進度表**：先處理好這些工作，可以讓你未來省下不少時間。但遺憾的是，這些工作通常會因為其他緊急工作而被擱置。拒絕下列兩種工作，用多出來的時間做這些工作。

——**你幹麼做？**：你不該插手這些工作，並且要避免你或你的團隊處理這類工作。刪掉這類工作或丟給別人做。

——**委派工作**：別人會想找你當救火隊收拾爛攤子。如果你想伸出援手，就把工作委派出去。

- 如果你自律且自信，艾森豪矩陣可以讓你節省時間，讓你把時間投資在能提升生產力的工作上，並且讓你的成果被看到。

- 艾森豪矩陣就像是跟時間賽跑，你可以用來規畫短期的工作進度。同時，你也要安排行事曆，行事曆則包括長程工作、里程碑及最終目標，這些都是將來他人用來評價你的要素。絕不要忘了更新這部分（詳見「大師格言19」）。

自我檢視

- 我善於安排工作優先順序嗎？我是不是一直被急迫性的工作追著跑？
- 我上一次分析每周工作是什麼時候？

結語

這章的 TOP 10 格言是：

> 認為自己做得到，和認為自己做不到的人，都是對的。你是哪一種人？
>
> 亨利・福特

對我來說，這一題很容易選擇。自信是成功之母。一個人即使證照再多，聰明又辛勤工作，但缺乏自信就不可能成功。為什麼我這麼肯定？想成功，你必須讓別人相信你，包括你的員工、同事及老闆。若你沒有自信，別人就會把這點當成弱點，並認為你不相信自己的能力。在這樣的情況下，他們當然會在心裡想：「連他／她都不相信自己了，我為什麼要相信他？」

我認為，我們與生俱來就有充足的自信。但令人遺憾的是，隨著我們成長，生活、挫折以及他人的言語和行為，擊潰了我們的自信。我們必須重新將它補滿，保護並讚揚它。

從今天起，依照「大師格言14」的建議做：每天做一件自己害怕的事。你越害怕的事，越應該趕快去挑戰。擁抱令你恐懼／感到受威脅的事物，可以讓你的自信三級跳，並且對你生命中的各個層面都會帶來影響。

給你帶走的一堂課

假設你在特定情況下真的感到沒有自信，那就假裝信心滿滿。就算你真的緊張到快死了，也要展現出自信的樣子。裝久了，自信自然就來了。

第三章
人員管理與團隊管理

導論

實務上的管理技巧族繁不及備載。在這一章，我列出了成功經理人必備的關鍵知識，並做出適當的詮釋。要從一百多句我看過的格言中挑選出十二句，真的很不容易，但是我仍挑出最適合忙碌的經理人的格言。我把這些格言歸納成五組。分別是：

- 21到23討論的是管理的本質，以及經理人的職責。
- 24和25談的是員工招募的時機和你需要注重的員工特質。
- 26和27探討的是人員管理。
- 28到30是有關績效監控。
- 31和32則是解釋為什麼一個成功的組織必須重視員工訓練和發展。

「具備常識」是一項鮮少被管理書籍提及的特質，或許是因為作者認為大家都知道，根本不必囉嗦。然而，傑拉爾德‧布萊爾說的這句話很值得一聽：

> 成為優秀經理人的第一步就是〔吸收〕簡單的常識。但常識可沒有想像中那麼簡單。
>
> 傑拉爾德‧布萊爾

人人都可以提出天馬行空的解決方案，但工作上的種種限制讓問題變得難以解決。在這樣的狀況下，你必須想出實際的解決方案，這就是常識派上用場的地方。符合常理的解決方案，通常是最簡單的方案。隨著你閱讀這一章，你會發現許多觀點的根基就是簡單明瞭。

查爾斯 · 韓第（Charles Handy）
管理的意義

管理是一門很複雜的學問。然而就算很難做到，也要讓管理饒富趣味。

查爾斯 · 韓第（1932－）是一位學者和企業主管，也是英國最受尊崇的管理學和領導學作家。他的話恰好呼應了羅伯特 · 湯森（詳見「大師格言24、49」）的觀點，他說：

> 事實上，管理比任何教科書上寫的更好玩、更有創意、更個人化、更政治以及更直觀。
>
> 查爾斯 · 韓第

管理經常被認為高不可攀。沒錯，管理是一門很嚴肅的知識，但你可以用創新、有趣及幽默的方式去管理。

你該做什麼

- 「樂趣」在管理領域有著臭名聲。如果你玩得很盡興，表示你不認真。這是什麼鬼話？英國喜劇二人組莫克姆和懷斯、馬克思兄弟、威爾 · 史密斯、克林 · 伊斯威特都在他們的領域上，展現莫大的專業實力，吃苦耐勞的同時也非常享受工作。在這樣的情境下，盡興表示享受你的工作並且與周遭的人分享你的愉悅。做到這一點，你的快樂就會感染其他人，並且改善組織氣氛，以及員工的士氣和工作動力。

- 管理不是自然科學。沒有任何放諸四海皆準的法則。我們永遠必須依照時間、地點、人物、狀況去調整管理方式。想要做到這一點，你必須保持創意。你具備經驗、管理理論和模型，並且了解你的員工。這就是你專屬的調色盤，你可以畫出一幅巨作，也可以是鬼畫符。管理是一門藝術，熟能生巧。別怕出錯，

勇於嘗試各種方式，保持彈性思考。

- 管理的範圍包括人。你對員工認識得越深，包括他們的工作心態、生活、價值觀、夢想及願景等，你就越能預測員工在任何狀況下的反應，並且知道最恰當的管理方式。想了解別人，就閉上嘴然後打開耳朵。請記住，你有兩個耳朵和一個嘴巴：請按比例使用它們。

- 在任何組織，甚至是家庭內，都會有政治操作。在少數失能的組織裡，員工投入在操弄政治的時間比工作多。你有權決定要不要摻一腳。然而，你必須知道如何免於政治操弄，所以請閱讀「大師格言61、73」。

- 你對組織的了解不見得能夠完整闡述出來。這類隱性知識存在你的潛意識中。當你使用這種知識時，就是我們所謂的直覺或第六感。永遠不要忽視你的直覺。如果你的直覺告訴你是某種情況，而數據卻告訴你另一種，請重新檢查數據。

自我檢視

■ 我工作得開心嗎？如果不開心，是不是因為工作不適合還是入錯行？

■ 我在管理員工或做決策時，是否太依賴死板的數據？我需不需要更重視軟性、直覺性的資訊？

彼得・杜拉克（Peter Drucker）

用一句話解釋經理人的職責

管理的基本指導原則。

　　彼得・杜拉克（1909－2005）是奧地利裔美國人。他是學者、管理顧問、作家，並且被尊稱為管理學之父，為現代管理學奠定了基礎。他認為經理人有五項主要的功能。經理人應該要：

> 設定目標、管理資源、激勵員工、監控績效，以及提升員工和自己。
>
> 彼得・杜拉克

你該做什麼

- 從管理你和團隊的最終目標開始做起。
- 與員工討論，將大目標拆解成多個SMART小目標（詳見「大師格言19」），達到小目標後，表示最終目標也實現了。
- 委派工作，使職責明確。讓80%的小目標都能輕易達成。這會讓員工想要成功並且激發他們挑戰高難度目標的士氣。
- 掌控小目標的進度，在必要時採取矯正措施（詳見「大師格言29」）。
- 時時刻刻監控達成小目標所需的實際和人力資源，並且在小缺失要演變成重大問題前著手改善。
- 透過資訊共享和傾聽，激勵員工並與他們溝通。除此之外，你也要知道弗雷德里克・赫茨伯格對員工激勵的主張（詳見「大師格言45」），並且確保工作內容可以滿足員工享受工作的需求，以及讓他們對工作感到驕傲。
- 如果你把工作當作事業（詳見「大師格言11」），那你就是這項事業最重要的資產，投注時間和精力來精進你的技術和管理技能。學習對你的組織和競爭對手有價值的專業領域，例如3D列印。定期參加別家公司的面試，確保你有

跟上時代。

- 如果有人問你管理的定義或經理人的職責,那就把彼得·杜拉克的定義當成是你的定義,說出來。

- 員工是你的第二大資產,所以記得教育、培訓並支援他們。

自我檢視

■ 我是主管還是行政人員,也就是說,我整天坐在電腦前工作,還是協助別人完成工作?

■ 誰是組織內最棒的主管?我可以從他們身上學到什麼?

彼得・杜拉克（Peter Drucker）

用手邊的資源完成工作

要記得，永遠不可能有完美的團隊或系統。

管理學之父彼得・杜拉克（1909－2005）是非常務實的人。他不會根據自己的推測憑空編撰理論或論點。他的論點都是以商業事實為基礎。

身為足球迷，我已經數了不知有多少次，經理在球隊表現不佳的時候，狡猾地把責任都推給球員。「下一季的轉會窗（transfer window），我們需要簽下二到三位新球員。」這句話的意思就是「不要怪我輸了前六場比賽，又不是我簽了這些爛咖。」

然而，彼得・杜拉克知道主管的職責就是管理手上的資源：

> 主管的任務就是管理現有的資源，並且拿出應有的成果。
>
> 彼得・杜拉克

你該做什麼

- 如果你缺少工作必備的工具、機器、系統、原料，你必須重新調整小目標和最終目標，或者想辦法去求、去借，甚至去偷你需要的東西。然而，你一開始就不該同意這些小目標和最終目標。
- 而且你的問題很可能是員工本身以及他們所具備和缺乏的技能。第一件事就是，檢討你和員工訂下的小目標和最終目標。
- 評估你們需要哪些技能才能完成小目標和最終目標，並達到高水準的表現。
- 分析員工目前所具備的技能。
- 比較員工現有的技能和達成小目標和最終目標所需的技能，看看哪裡有落差。
- 思考你需要哪些正式或非正式的教育訓練，才能消除或減少這些技能上的差距，並且安排所需的訓練。很顯然地，訓練必須快速且立即見效。我們這裡講

的並不是長期的教育訓練課程或專業課程。你需要的是短期的內部講座,由你或其他員工擔任講師,拉近技能上的差距,或者請公司最近採購的設備廠商舉辦指導課程。

• 重新分配工作,讓每位員工可以發揮優勢。

• 如果你沒有人可以用,不妨向其他部門暫時借人。但要防止別人把燙手山芋丟給你。

• 一旦有員工離職,根據之前完成的「技能需求分析」來填寫職務需求或求職者資格。現在員工離職率達20%是很正常的,所以在二到三年內,就算不是全部,你應該也能解決大部分的問題。

自我檢視

■ 我上一次進行技能需求分析,並且與他們的現有技能進行比較是什麼時候?

■ 我上一次調整/重新分配工作內容,以讓團隊成員發揮個人優勢是什麼時候?

羅伯特‧湯森（Robert Townsend）

精簡組織並保持組織活力

決定什麼時候為組織增加人力。

　　羅伯特‧湯森（1920－98）是一位美國企業家，他最著名的事蹟，就是讓安維斯租車公司擁有今天龐大的規模，而我認為全球所有的管理課程，都應該把他最暢銷的書《提升組織力：別再扼殺員工和利潤》，列入閱讀清單。

> 等到每位員工工作都很繁重、非常希望有新成員加入且不在意自己坐在哪裡時，再招聘新人。這樣組織才能保持年輕和強健。
>
> 　　　　　　　　　　　　　　　　　　　　　　　　　羅伯特‧湯森

　　羅伯特‧湯森並不是要你把員工操到死。他注意到，一個組織常常在工作量增加後馬上就聘用新人，可是卻又沒有那麼多工作讓新人接手，導致新人與舊員工產生摩擦。

你該做什麼

- 你必須知道員工喜歡忙碌，而且，一定的壓力有助於促進他們的士氣和生產力。一支忙碌的團隊通常更團結。一致的目標和辛勤的工作所帶來的榮耀感，能凝聚並鼓舞員工。所以不要倉促聘請新人。
- 觀察員工過勞而非單純太忙的徵兆。這些徵兆包括：強烈的疲憊感、員工離職、工作延遲、暴躁，另外員工間、員工與主管之間也發生爭執。
- 解決方法就是在上述問題出現前，減掉之前加重的工作量。這不容易做到。這樣的主觀判斷有賴你對員工和營運狀況的了解。工作量的加重是暫時的還是永久的？如果一個從來不抱怨、工作認真的員工，變得要死不活並且開始抱怨工作太多，表示你必須採取改善措施。運用你的隱性知識做出決策。

- 隱性知識，或約翰・阿戴爾教授所說的深度知識，存在於你的潛意識裡，但在不知不覺中影響你每一天的思考和行動。這些潛意識裡的知識，就是你對工作、組織及員工的全部知識。你能蒐集到的資訊越多，這些知識對你就越有幫助。因此，透過會議、在辦公室走動、在茶水間或午餐聚會時間閒聊，以及和員工、顧客、廠商及投資人互動，增加你的隱性知識。
- 在你的學習筆記中（詳見「如何充分應用本書」一節）簡短寫下任何有趣的評語、事件、趨勢、問題、機會、威脅或八卦。
- 上述所有資訊都會儲存到你的潛意識裡，並且在你的腦中形成連結和關聯，豐富你的隱性知識。當你碰上問題時，這些知識便會浮現出來，告訴你答案。

自我檢視

■ 我上一次調查員工的能力是否得到充分發揮，是什麼時候？
■ 有沒有團隊成員過勞？我需要重新分配工作嗎？

華倫・巴菲特（Warren Buffet）

正直比才智和精力更重要（TOP 10）

委派工作或篩選升遷人選時，要重視個人的關鍵特質。

華倫・巴菲特（1930－）是全球最具指標性的投資經理人，他的原則是簡單至上，例如，他的投資策略是買進好股票，然後長期持有。他也套用相同的簡單原則來分派員工，並且指出三項聘用員工時要注意的特質。

> 有人曾經說過，聘請員工時要留意三項特質：正直、才智以及精力。如果那個人缺乏第一項特質，那其他兩項特質將會毀了你的公司。你仔細想想，他說的千真萬確。如果你聘用不正直的人，等於你允許員工愚蠢且懶惰。
>
> 華倫・巴菲特

正直在巴菲特眼裡是最重要的特質。一個不正直的人，對組織來講就像顆炸彈。事實上，2008年發生的金融海嘯，確實可以歸咎於缺乏正直感卻聰明至極且充滿熱忱的銀行家。

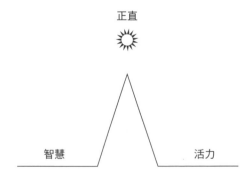

你該做什麼

• 盡可能從內部升遷。這麼做可以提升員工對公司的忠誠度，而且你（應該）了

解員工的優缺點，所以比較不會選錯人。只有當你需要新血或新技能，而公司內部卻沒有人能勝任時，才需要從外部聘任新人。

- 面試時，觀察哪一位面試者具備正直感、智慧及熱忱。如果你能找到符合這三項條件的人，那其他技能進公司再訓練也不遲。

- 正直是最難觀察到的特質。觀察對方如何表現自己，他們是否自信卻不傲慢？他們夠謙虛，知道自己並不是萬事通嗎？他們對自己的工作和成就感到自豪？如果他們表現出這樣特質，他們就不會讓自己和你失望。他們是否提到自己和團隊的成果？或者從頭到尾都只圍繞在自己身上？問問他們是否曾在道德上進退兩難，以及他們如何處理。他們所面臨的困境不必一定要跟工作有關。如果他們講不出來，那很可能代表他們沒什麼中心思想。

- 聰明是很好察覺的特質。看對方的學歷，大概就掌握八成了。然而，求職者和你或在團體面試時的表現，比任何證照都來得有力。求職者的回答是否具備分析能力？他們是否會根據你的組織情況來回答？他們眼光是否放得夠遠，以及是否能夠融入群體？他們對你的營運方式是否好奇？他們具備常識或者想法不切實際？

- 活力和熱忱也很容易觀察。只要問問自己：「我在對話中是否感受到對方的熱情？」如果「是」，那麼其他人也會被求職者的熱忱感染。

自我檢視

■ 當我分派工作或替員工升遷時，最注重的特質是什麼？

■ 我目前的招募和升遷方式，適當嗎？

馬克斯‧巴金漢（Marcus Buckingham）
經理人與黃金法則

對待員工和同事有一套你該知道的準則。

黃金法則指的是，你要用自己喜歡別人對待你的方式，去對待別人。然而，管理學作家馬克斯‧巴金漢（1966－）卻說，經理人若希望自己的管理有效，就不應該用你喜歡別人對待自己的方式去對待員工。他認為：

> 最好的經理人每天都在打破黃金法則，因為（黃金法則）假設每個人的心理素質都跟你（經理人）一樣。例如，你有強烈的好勝心，你就會假設其他人也跟你一樣好勝。或你很享受公開接受表揚，你就會假設別人也是如此。
>
> 馬克斯‧巴金漢

事實上，每個人都不一樣。不是人人的工作價值觀和心態都跟主管相同，也不該如此。我們都有自己的人生優先順序、期待及夢想，而這些可能都跟工作無關。但黃金法則卻沒有提到馬克斯‧巴金漢所認為的這種彈性。巴金漢主張人與人之間應該存在著策略性關係，也就是立基於互相尊重的關係。我想，無論在公司擔任什麼層級的職務，這是大部分的人都想要卻很少在職場上擁有的關係。

你該做什麼

- 就像哲學家康德所說的，你應該尊重每個個體。不要把別人當作達成你目標的手段，尤其是，如果在這樣的過程中有人會因此而受傷。
- 只要是人，都值得無條件的尊重。你或許不喜歡某些人。你可能不同意別人的觀點，但他們是人，而且應該被當成人對待。
- 當你在考慮升遷或工作人選時，唯一可以接受的，就是用資格／適性來區別一個人。

- 不要剝削員工，尤其是那些即使沒加班費也願意加班將工作做完的人。你可以做的就是重新分配工作，或者將他們的努力反映在薪水或職位上。
- 絕對不要剽竊員工的想法。
- 以適當的方式認同員工的成就。
- 不要採用蘑菇管理（把員工派到冷門部門，還經常潑他們冷水）。除非是敏感資訊，否則應該與員工共享所有會影響他們的資訊。
- 別把員工當傻子。他們或許不像你一樣聰明或高學歷，但他們還是可以看穿你爛透了的管理方式、虛偽，以及矯情又充滿控制欲的行動。
- 把員工當成除了工作夥伴外，也有其他生活的個體。了解他們的興趣、嗜好、朋友、家人孩子，以及他們的願望和抱負。
- 打開心胸傾聽員工的意見、顧慮及擔憂，採取適當的行動。員工通常知道你無法為他們的問題幫上什麼忙。他們只是想抒發情緒，讓你知道他們的感受。
- 如果你把別人當作聰明的成人來看，他們就會用相同的方式和你互動。

自我檢視

- 我對員工有多了解？
- 我把員工當作人？或者只是另一種能供我使用的資源？

狄奧多‧羅斯福（Theodore Roosevelt）

你不應該管得太多

讓員工好好做他們的工作。

狄奧多‧羅斯福（1858－1919）是美國第二十六任總統，同時也是備受尊崇的作家，並且被列為白宮三位最聰明的總統之一（其他兩位分別是林肯和甘迺迪）。

羅斯福是推動美國共和黨改革運動的力量，他在任內促成美國重大的社會和政治改革。他很清楚自己無法獨自推動改革，所以他奉行的至理名言：

> 最好的主管，具備足夠的智慧去挑選適合的人來做適合的工作，並且克制自己不要干預員工做事。
>
> 狄奧多‧羅斯福

很重要的一點是，這句話並不是教你委派工作；這句話是要你給員工自由，不要干預太多，讓他們有處理工作的權限。

你該做什麼

- 指派工作時，別怕花時間和心力，尤其是重要職務。生產線主管或會計主任都是重要職務。若你指派錯人，那就等著問題發生（詳見「大師格言 25」）。
- 對所有層級的員工來說，有趣的工作、成就感、認同感及責任感都是激勵因素（詳見「大師格言 45」）。如果你二十四小時都在監視員工，他們會認為你不相信他們的工作能力。這樣的行為會降低員工的自信，拉低工作表現。因此，你要克制干涉員工的衝動。反之，要和員工之間建立相互信任和支持的文化。要達到這個目的，你必須：

　　──與每一位員工討論工作。釐清他們的責任以及權限範圍。

——保持門戶開放政策。鼓勵員工遇到問題時就跟你討論，但不要像多數主管一樣，邊看時間邊討論。如果員工覺得自己「不受歡迎」，下次就會很猶豫要不要找你討論。

——要求員工針對小目標和最終目標製作定期報告。但避免報告變成批鬥大會——要記得英國早在1868年就廢除公開絞刑——會議中應該只限於討論解決方案，而非譴責。

——要求員工在發生問題的第一時間通知你，不要遷怒傳話的人。

——公開讚揚員工的成果。包括公開表揚工作表現和升遷。

——不要苛責員工的無心之過。人人都會犯錯，重要的是他們從中學到什麼。如果是因為粗心大意、疏忽，或單純只是做了很老套的蠢事，你應該採取改善措施，避免錯誤再發生。

• 想讓花朵開得繁盛，就得施肥和澆水，而不是把花從土壤中挖出來，檢查根部有沒有爛、有沒有長好。同樣的道理也適用在員工身上。一個人越自由，面對挑戰的能力就越好。

自我檢視

■ 我對員工的信任度有多高？

■ 我對員工的監督會不會變成在妨礙他們做事？

狄伊・哈克（Dee Hock）

一切保持簡約，甚至可以利用笨方法

避免自己依賴既複雜又僵化的系統。

狄伊・哈克（1929 －）是 VISA 集團創辦人及前任執行長。他相信：

> 簡單、明確的目標和原則，會創造複雜且充滿智慧的行為。複雜的原則和規定，則會帶來缺乏深思且愚蠢的舉動。
>
> 狄伊・哈克

　　一個組織的工作和行動方式，取決於該組織的系統、規則及程序。很遺憾的是，系統和程序通常不是由使用者來設計。沒錯，系統分析師或顧問會詢問員工的需求。但遺憾的是，員工擁有的資訊，大部分都是隱性知識（詳見「大師格言24」）。每個人都具備這種知識，但因為存在於潛意識中，所以無法說明清楚。這類知識無法被系統化或完整呈現在一份程序文件中，而且若系統無法提供足夠的彈性空間讓員工處理工作，問題就來了。

你該做什麼

• 你聽到別人抱怨過多少次「系統不讓我處理這件事」，而「這件事」卻很顯然是對的。人有彈性，系統和規定卻沒有。不要讓系統限制一切，讓充滿智慧且自律的人類，在適當的時機凌駕系統。例如，很多年前，我在知名超市買的蛋糕裡看到木頭碎片，我客訴後，主管立刻自行決定讓我挑選一個聖誕節蛋糕作為補償。我非常滿意這樣的處理。最近，我在同一家超市遇到類似的狀況，這次是鈕扣的碎片，店家要求我填寫單子。為了配合該公司的客服程序，我等了約四周之久，他們才處理我的問題。這次他們沒有讓我留下深刻的印象。

• 提供員工明確的組織目的，並且訂定讓他們無論何時何地都能遵行的原則。即

使是規模極大的組織，你也必須將以上內容濃縮在一頁A4的紙上。**如果你做不到，代表你的組織有很多規定可能會讓員工感到不知所措。**

- 明確告訴員工，原則凌駕於所有讓他們礙手礙腳的政策或程序，最重要的是，確保員工絕對不會因為謹遵組織宗旨和目標而受到懲罰。

- 如果你僱用了深諳組織目標和精神的好員工（詳見「大師格言25」），那你應該相信他們在必要時，可以根據組織的原則發揮裁量權。他們絕對會比任何零經驗的人設計出來的系統更精準地掌握狀況。

自我檢視

- 我知道組織目標和原則是什麼嗎？有沒有白紙黑字寫下來？
- 我在設計系統／程序時，是否想包含所有可能發生的狀況？如果是的話，當員工跟我抱怨複雜的規定導致組織的回應太過官僚時，我該怎麼解釋？

艾弗雷德・史隆（Alfred P. Sloan）

例外管理的價值

你不需要那堆告訴你「一切進行順利」的報告。

艾弗雷德・史隆（1875－1966）是美國企業主管，曾長期擔任通用汽車公司的總裁、執行長及董事長。他因為成功讓通用汽車晉身全球化的汽車業者，而備受敬仰。

作為一名忙碌的主管，他要求所有提交給他的報告都必須簡短且有用。他不想埋在紙堆或數據中。他用這句話來支持自己的做法：

> 99%的企業活動都是例行公事……你只要處理好1%的例外狀況，就等於完成了100%的工作。
>
> 艾弗雷德・史隆

你該做什麼

- 不要管理那些進行順利的工作。身為一位經理人，公司付錢給你是要你來解決問題，並且在問題發生時盡速處理。你絕對不會希望自己被空洞的數據絆住，而忽略了真正需要注意的地方。例如，當薪資預算是351,000英鎊時，你不需要知道目前已經花掉了350,921英鎊，因為一切都在預算範圍內，並沒有任何不正常的徵兆。那你為什麼要看這堆數字？

- 與其收到一份鉅細靡遺的預算報告，不如要求員工在低於或超過預算的3、4、5%時，寫份報告給你。這樣你才能把心思花在脫離預期的帳目上。

- 出現落差的時候，很可能是正當的原因：或許只是短暫的變化，下個月就能回歸正常，例如，由於顧客將二月的採購延後至三月，導致二月業績下滑，但三月卻能拿到二份訂單。

- 若原因不顯著，那你應該盡快找出造成落差的原因，以及這樣的差異是不是持

續性的。這樣你才能迅速採取因應策略，改善下個月的數據。

- 然而，你需要了解的不只是負差異；必要的營運支出費用太低，很可能表示你缺乏專業人員或現金流不足。總之，你必須掌握這部分，因為它會影響未來的生產風險。

- 當然，你很樂意在收入方面看到正差異，例如業績、進帳或利息。當你看到這類數字成長時，必須去了解原因、深入運用，並且試試其他的收入來源能否複製相同的模式。

- 以上是以預算實際執行月報為例子。同樣的原則也適用於任何監控報告，包括生產時間、維修時間、銷售額、不被受理的工作以及專案進度。

自我檢視

- 我知道自己要注意哪個帳戶嗎？
- 我收受管理報告的頻率，是否能讓我迅速採取因應措施，改善下次的報告數據？

傑克・威爾許（Jack Welch）

三項必要的事業標準

知道你真正該控制和監控的項目是什麼。

傑克・威爾許（1935－2020）是奇異公司的前董座和執行長，他的這句話展露出比例外管理更高明的智慧：

> 你只要掌握三項指標，就能了解組織的整體績效：員工投入程度、顧客滿意度，以及現金流。
>
> 傑克・威爾許

這句話主要是講給資深經理人聽的，因為目的在於了解組織的概況。然而，這句話也適用於各個部門、投資中心或交易中心。

你該做什麼

- 量測員工投入程度是一大難事。通常你可以感受或者體會到員工的投入程度，而不是透過測量去了解。利用走動式管理了解整體員工的活力。先設定你的巡視目的，例如了解員工對於近來組織重組的看法。想一想你在哪裡最能問出員工的感受或意見，例如生產和發貨方面。想好之後出發，但不要帶本子或筆。這是傾聽練習。因此，請採用「大師格言 77」的建議，多聽少說。

- 鼓勵員工多說話。你們可以聊聊天氣、運動或者電視節目。接著再開始切入問題，不過請保持自然。你可以問：「重組之後，一切都還好嗎？」「對於新的工作方式有沒有什麼問題？」「你覺得公司哪裡還需要改善？」以適當的方式提問，員工就會敞開心房，說出你關在辦公室裡絕對不會知道的事。

- 利用顧客回饋和客訴內容來評估顧客滿意度。請特別留意問題解決之後的顧客反應。消費者可以容許錯誤發生，若你能迅速解決問題，顧客對公司的好感會

大於問題發生前。

- 注重與顧客見面或聊天。就像走動式管理一樣，不要太拘謹，讓顧客說說對組織的看法，正面或負面的都可以。聽到顧客批評組織或員工時，不要立刻反擊。記住顧客的話，之後再來驗證。

- 根據你從員工和顧客身上蒐集到的資訊採取行動。好的要做得更好，不好的就要改掉。

- 確保你能定期收到現金流報告（詳見「大師格言4」），並且採納會計師的意見。如果會計師認為你接下來三個月的現金流會出現問題，請立刻採取改善行動。不要當鴕鳥，眼不見為淨。想辦法在不傷害事業基礎的前提下，增加收入減少支出（詳見「大師格言5」的精益改善策略）。

自我檢視

- 我是否每個月都有收到一至二頁的員工投入程度、顧客滿意度以及現金流相關報告？如果沒有，為什麼會這樣？
- 上述三項指標中，我了解最少的是哪一項？我該怎麼補救？

羅恩‧丹尼斯（Ron Dennis）

彌補你最弱的一環

必須補強弱點。

羅恩‧丹尼斯（1949－）最知名的頭銜是麥拉倫科技集團的董座、執行長兼主席，麥拉倫集團也擁有自己的F1車隊。

從競爭極激烈的F1賽車來看，以下這句充滿仁慈和人性的管理格言，實在令人訝異。但真的是這樣嗎？

> 管理階級的責任，就是找出最弱的一環，支撐並進行補強。
>
> 羅恩‧丹尼斯

你該做什麼

- 請記住，無論你身處任何團隊、部門或組織，你的強度取決於你最弱的一環。團隊容不下那些不做事的人──除非你最弱的部分是老闆的兒子或女兒，在這樣的情況下，你不容忍也不行。

- 找出你最弱的一環。這可能是人、程序或步驟。如果是人的問題，那麼請重新訓練或者讓他們做簡單一點的工作。從分析訓練需求做起（詳見「大師格言15」），取得同意後，執行訓練和發展計畫。如果重新訓練或工作調動仍然無法解決問題，那你就得讓這個人離開。

- 開除員工並不牴觸羅恩‧丹尼斯的建議：從他的想法來看，這個結論是很合理的。你協助員工成長，但若他們達不到要求，你只能請他們走人。如果有些員工很顯然能力不足，你是不可能把公司經營好的，他們的存在會打擊生產力和其他員工的士氣，因為其他人必須幫他們收拾善後。例如，我無法想像羅恩‧丹尼斯會允許他的員工在賽車維修站換輪胎時，出錯二次。

- 當你擔心員工無法達到工作標準時，請及早提供人力資源方面的協助。

• 若最弱的環節在於程序、步驟、機器或其他設備，替換吧。如果你負擔不了，就想辦法讓這些問題對團隊的影響降到最小。

自我檢視

■ 我開除過多少人？

■ 我有能力開除員工嗎？

吉格・金克拉（Zig Ziglar）

投資在員工訓練

員工訓練是非常有必要性的。

吉格・金克拉（1926－2012）是美國的企業家、勵志演說家及作家。他注意到有些經理人將員工訓練視為浪費時間和金錢的活動，因為很多員工接受訓練後就離職了。他反問道：

> 比員工訓練後就離職還糟的狀況是，不訓練他們且讓他們繼續留在公司。
>
> 吉格・金克拉

你該做什麼

- 你要了解，任何有點常識或抱負的員工，都知道必須不斷提升自己的知識以保持身價。如果你不提供任何進修機會，最優秀的員工將會離職。最後，你就必須花費更多成本來召募和訓練新人，並且在新員工適應工作時，你要忍受生產力的銳減。所以，用長遠的眼光看來，不提供教育訓練並不會讓你省下任何費用。

- 訓練不必耗費不貲。透過其他專業員工的指導（由資深員工帶新人）、模仿或參加設備廠商和顧問的免費訓練課程，指導新系統或機器的使用方式，都能讓員工學習新知，例如：辦一場講座，讓公司的會計說明如何控制預算。

- 當員工參加短期課程時，為員工設定學習目標，以確保組織花錢花得有價值。請在員工結束訓練後，為其他同事進行訓練講座。因為讓員工分享訓練課程，對他們會有點壓力，這樣有助於他們專心上課，而透過分享課程內容，則可以降低訓練的單位成本。

- 如果員工參加的是專業課程，可以明訂只有當員工拿到結業證書，公司才會給付課程費用。如果你擔心員工拿到證書後立刻離職，那就綁定最低工作年限，

並由公司付費提供教育訓練。一至二年都是合理的年限。

- 永遠記住，無知的代價最大。例如，你認為一般人用到了多少成Microsoft Office的完整功能？我也不曉得。不過，如果你知道有很多大學和研究所的數學課程，其中的模組就是用Microsoft Excel計算出來的，就曉得我們真正用到的功能非常少。你的員工只要會使用電腦20%的功能，就能在生產力上突飛猛進。

自我檢視

- 我對員工訓練抱持什麼樣的態度？我把員工訓練視為成本或投資？
- 我將進修視為成本或投資？

結語

　　身為主管的你，員工的素質可以讓你上天堂或下地獄。然而，要選到對的員工極有難度。主管需要各種協助以達到這個目的，這就是為什麼我讓巴菲特的這句話入選 TOP 10 格言：

> 有人曾經說過，聘請員工時要留意三項特質：正直、才智以及精力。如果那個人缺乏第一項特質，那其他兩項特質將會毀了你的公司。你仔細想想，他說的千真萬確。如果你聘用不正直的人，等於你允許員工愚蠢且懶惰。
>
> 華倫‧巴菲特

　　巴菲特總是能在任何狀況中找出關鍵因素，他觀察到所有優秀員工都具備一項特質：正直。

給你帶走的一堂課

　　這章節最重要的宗旨，就是身為主管的你，要將工作委派給值得信任且正直的人。分配好工作後，就放手讓員工發揮，你只須設定幾個關鍵指標來監督員工的績效。

第四章
領導能力

導論

在1980年代，經理人（manager）被視為積極的拚命三郎，大家認為他們可以取代應該要為英國企業困境而負責的管理師（administrator）。經理人宛如身著亮麗盔甲的騎士，乘著他們發亮的保時捷衝鋒陷陣拯救大家。到了1990年代，經理人被認為態度消極、缺乏遠見的時候，領導者（leader）成了新崛起的英雄。

現在我們才意識到，英國是在領導者的帶領下，才能建立起帝國，並在兩次世界大戰中獲勝。管理師過去的所做所為與領導者一脈相承，而1980年代引領企業走過1970年代景氣蕭條的經理人無非也是如此。

我想說的是，領導者不是注定扛下領導使命的菁英分子，其領導能力也不是與生俱來的。他們一樣是凡人。當你繼續閱讀下去時，請將這句話牢記在心。

這章節的架構如下。本章包含這些格言：

- 33介紹領導者的養成。
- 34到38概述領導者的職責。
- 39和40談論價值和願景的塑造。
- 41至42提供評斷標準，讓我們判斷自己是否像個領導者。

在你開始閱讀本章之後，請每天思索你的作為和領導者有幾分相似。你或許會很訝異自己竟然做了那麼多領導者在做的事，只是你既沒有英雄光環，也沒提出遠大的願景。因為一個領導者只需要做好兩件事：讓他人相信他／她會做出成果（可能是無法達到目標或者做得比預期好），並且說服他人跟隨他／她的腳步。

華倫‧班尼斯（Warren Bennis）

如何培養一位領導者（TOP 10）

怎樣做才能成為一位偉大的領導者。

華倫‧班尼斯（1925－2014）是專研領導學的美國學者、管理顧問，以及影響力十足的作家。他為自己設下的任務之一，就是揭開領導力的神祕面紗。他堅信：

> 最有害的領導迷思，是認為領導者是天生的……這個迷思斷定一個人能不能成為領導者取決於他的群眾魅力。太荒謬了……領導者是培養多於天賦。
>
> 華倫‧班尼斯

在他與巴特‧奈勒斯合著的曠世巨作《領導者》（*Leaders: The Strategies for Taking Charge*）中，他提列了四十位成功的領導者，當中有很多也沒有強烈個人魅力的特質。

如同一則流傳許久的笑話，一位音樂家問一個紐約人：「我怎樣才有機會到卡內基音樂廳表演？」人們是經過不斷地練習，才有機會成為領導者的。

你該做什麼

- 《異數：超凡與平凡的界線在哪裡？》作者葛拉威爾認為，如果你想成為某個領域的專家，你必須練習10,000小時。這個法則適用於廣大的專業領域，從科學到足球，以及從寫作至醫藥。假設你每周工作36小時，一個領導者需要約278周或5.34年的工作經驗才能成為專家。很可惜的是，這個數字恐怕必須加倍，因為你會花很多時間來處理行政工作、喝咖啡以及出席會議。所以，從今天就開始當一位領導者吧！

- 打從你踏入職場的第一天起，就不要把自己當成會計師、經濟學家、系統分析

師或任何行業、專業領域的一員。把自己當作領導者、並且像個領導者般行事。在你的學習日誌中記錄所有成功和失敗，並且分析原因。

- 閱讀領導相關書籍。你應選擇多元類型的書籍，包括教科書、領導手冊以及偉大領袖的自傳。閱讀有助於充實你對領導能力的見解。

- 在組織中找一位值得尊敬的領導者，持續幾個月或偶爾模仿他，畢竟你還有正事要做。如果暫時找不到這種人物，那就在組織裡找一位你和其他同事皆將他視為領導者的人，觀察他的一舉一動。這樣的人物不必然是高層主管。他們可能只是小組長、中階主管。將他們或其他領導者處理事情的方式記錄在學習日誌中。分析他們的行為，並且透析他們的想法和策略。

- 無論你是資深、中階或初階主管，請自願帶領專案進行，尤其是需要跨部門合作的專案。專案管理將提升你處理各種課題、人事及專業的經驗值，這些經驗大多都會跳脫你以往的專業經驗。你或許會覺得有難度，但這樣的成長經歷卻是無價的。

- 不要因為別人說你不是領導者就嚇倒了。他們的意思是，你不是他們想要的那種領導者。許多英國民眾也討厭和瞧不起柴契爾夫人，但沒人能否認她是千真萬確的領袖。

自我檢視

- 我認為自己是領導者嗎？如果不是，為什麼？
- 在我效力過的人當中，誰是最棒的領袖？我欣賞他們哪些領導特質？

霍華·舒茲（Howard D. Schultz）

領導者必須提供追隨者意義和目的

了解你的追隨者要的是什麼。

霍華·舒茲（1953－）是星巴克的主席和執行長。他藉由下面這句話，道出了人們對組織或領導者產生忠誠度的基本要件：

> （人們）想要參與可以讓自己引以為傲的事物，他們願意為自己相信的事物奮戰、犧牲。
>
> 霍華·舒茲

你該做什麼

- 如果你想成為一位傑出的領導者，你必須提供一個目標以激勵員工，大部分評論者稱之為讓員工買帳的願景（詳見「大師格言40」）。人們必須相信自己做的事有意義，而不是每天都把生命浪費在工作上。我曾經不顧薪資大減，也要離開一家為黑心企業生產標籤貼紙的公司。這是我有生以來做過最明智的決定。我的新工作對我而言意義深遠。

- 1920和1930年代的霍桑實驗結果顯示，「不想讓同事失望」和「想贏得同事尊敬」的念頭，是激勵員工的主要因素。次要的激勵因素，則是管理階層對員工的工作和想法表現出興趣。

- 管理階層提供員工工作目標、鼓勵團隊合作並且展現關懷，能讓員工產生下列的感受：

  ——歸屬感。

  ——個人價值感。

  ——對自己的工作、同事以及組織感到自豪。

- 吉百利巧克力在吉百利家族經營的時期，就因為具備上述管理特質而博得名

望。在伯明罕，能夠為吉百利工作是極大的榮耀，所有吉百利的員工都對此與有榮焉。吉百利因此獲得了一群積極且忠心耿耿的員工。

- 最後，領導者必須以誠實和正直建立自己的名望（詳見「大師格言25」）。吉百利的員工對公司的忠誠，來自於他們堅信吉百利家族將員工的利益擺在第一，永遠把員工放在心上，並且公平、坦誠以待。如果你可以和支持者之間建立起這樣的信任關係，你就擁有一股跟隨你至天涯海角的力量。

自我檢視

■ 我為團隊、部門或組織打造了什麼樣的目標／願景？

■ 我花多少時間與員工聊聊他們的工作、生活中遇到的挫折以及抱負？

彼得・杜拉克（Peter Drucker）

成果造就領導者

成果是衡量你的領導力的唯一指標。

彼得・杜拉克（1919－2005）永遠不怕提出新的見解。當許多作者都說傑出的經理人必須具備個人魅力或運用轉換型領導的時候，彼得・杜拉克獨排眾議說道：

> 有效的領導不在於發表演說或討人喜歡，領導能力取決於成果而非特質。
>
> 彼得・杜拉克

彼得・杜拉克指出，領導者是由成果而非個人特質來界定。若你拿出優異的成績，人們自然會視你為傑出的領導者。他們會開始分析你的領導風格，並且研究你成功的祕密，進而讓其他經理人也能運用。

你該做什麼

- 除非你有一支軍隊或祕密警察在背後挺你，否則你不可能要求他人把你歌功頌德為一位偉大的領袖。領袖是你的支持者賦予你的稱號。想要吸引支持者，你必須拿出成果給大家看。一旦你拿出成果，大家就會追隨你和你的事業，因為他們也想成為成功的一分子（詳見「大師格言34」）。
- 管理期望。永遠要承諾力求保守，成果超乎預期。完成不了的期限，絕對不要答應。這樣的期限等於是你的死期。相反地，與主管溝通，替自己爭取時間。例如，老闆給你六周的時間執行一項計畫，請爭取多點時間。你可以問：「能不能給我幾天想一想要怎麼處理該專案？」講理的老闆一定會答應你。充分評估這項工作，計算你所需的時間。若你需要七周，那就告訴老闆你需要八周，然後你在七周內完成。這麼一來，你就是提前完成，而不是晚了一周才完

成任務（詳見「大師格言79」）。

- 如果期限不能更改，一樣要為自己爭取時間，不過，這次你要評估專案的工作量。過濾出80%你可以在期限內完成的工作。通常這樣就能達到公司的要求。其餘較不緊急的工作，可以期限後再完成。

- 利用SMART原則陳述並定義所有目標，包括你的、以及你為員工設定的目標（詳見「大師格言19」），例如所有的目標都必須明確、可衡量、可達成、符合實際及有時限性。

- 定期與員工開會掌控每個目標的進度。遇到預料外的重大負變異時，採取矯正措施；出現正變異時，找出原因並且讓正面影響持續發生。

自我檢視

- 我是乖乖遵守期限的人，還是勇於跟老闆討論工作期限的人？
- 我管控目標進度的成效好嗎？

華倫・班尼斯（Warren Bennis）

領導者必須言行一致

想成為領導者，你必須做自己。絕不要裝模作樣。

華倫・班尼斯（1925－2014）的學術生涯中，花了很多心力在研究領導學的奧義。以下這兩句話，或許是他最精闢的見解：

> 領導者言行一致；真正的領導者不會說一套做一套。
>
> 成為一位領導者等同於做你自己。就是如此簡單，也如此困難。
>
> 華倫・班尼斯

華倫・班尼斯第一句話的意思是，要做到真誠和言出必行，極為困難。就算你無法每次都做到，這也應該是你的目標。

你該做什麼

- 請記住，人們追尋自己信任的人，而他們信任那些表裡如一和可預料的人。一開始要贏得別人的信任非常困難，只要你走錯一步，就會失去他人的信任。人們希望領導者是特別的，以及可以讓他們讚揚、稱羨以及支持的人物。一旦他們發現領導者的言行不一致時，會覺得自己的信任遭到背叛，並且立即清醒過來。

- 找出可以在職涯中引領你的原則。不要設定太多原則。這裡的原則指的是，你可以為了這項原則而離職。如果你不願意為自己的原則離職，那你只是眷戀某個職位而已，當這項原則妨礙你時，你就會立刻拋棄它。

- 就像「大師格言35」所說的：降低期望。不要試圖營造清高和完美的形象。誠實待人，公開自己作為領導者的優缺點，例如，除非你是受訓過的產品工程師，否則你應該說：「我可以理解生產團隊所面臨的問題，但光是了解沒用。

所以我才會請工程師提供技術面的建議。」

- 如果你不懂裝懂，別人對你的信任將碎落一地。不要害怕提問或說：「不好意思，我不懂。」你的行為會鼓勵大家也敢於提問。

- 就算會讓組織燒錢，也絕對不要食言或背信。你的負面消息會傳開，但損失可以在未來以現金和信譽的方式回收。

- 不要搶別人的功勞或想法。

- 你希望別人怎麼對你，你就怎麼對別人，例如，把員工當人看待，而不是一種拋棄式的資源（詳見「大師格言26」）。

自我檢視

■ 我是否言行一致？

■ 我的員工信任我嗎？如果不信任，為什麼？

愛德華茲・戴明（Edwards Deming）

贏得追隨者的信任

建立自己和員工之間的信賴關係。

愛德華茲・戴明（1900－93）是二十世紀後半葉的品質管理權威。他認為管理階級該為90%的問題負責，他說：

> 要管理就要領導。要領導就要清楚自己和員工的職責所在。
>
> 愛德華茲・戴明

和領導相關的誤解中，最致命的就是：「如果你可以領導一家工廠，那你就可以引領一間時尚企業，因為領導技巧是泛通且可轉移的。」多蠢的一句話啊。領導者必須對追隨者講信用，才能贏得尊重與信任。如果你對自己所屬的部門缺乏相關知識，員工就會質疑你的能力。在這樣的情況下，「自稱」是領導者的人，當然還是可以行使權力和迫使組織改變，但他們永遠都不會有追隨者。

相同的問題也發生在領導者從一個組織跳槽到另一個組織的時候，就算是同樣的部門。

新領導者若想要做得好，就必須重新認識組織，包括組織的歷史、行為規範及文化，而且就算他們做了上述這些事，也不一定會被員工真心接納。

你該做什麼

- 依照你的管理人數，找時間坐下來與每個人聊聊，或者挑一個樣品和他們討論。不要關在你的辦公室開會，走到員工的工作崗位上，讓他們告訴你他們的工作和面臨的問題。
- 體驗員工的工作環境。電話鈴聲是否此起彼落吵得要死、員工工作一直被打斷，或者安靜舒適？

- 花個一小時左右，挑選幾位員工聊聊。

- 共享員工的工作經驗。羅伯特·湯森堅持每位安維斯租車的員工，都要到繁忙的機場站櫃檯，無一例外。他看到許多資深主管怕得要命，不斷閃避顧客。設定條件，挑出缺乏顧客服務經驗的主管，讓他們與第一線員工共事。

- 當你在公司內四處走動時，仔細觀察並記下所有令你感到奇怪、有趣或不正常的事情，再向同事或你信任的員工了解這些事情。

- 透過開會了解組織的運作方式。例如，組織的風氣很民主自由，或只由一到二位掌權者決定一切？

- 利用走動式管理（MBWA）與員工維持聯繫，和許多員工建立良好關係，並深入了解他們。

- 如果你進入一個全新領域，不妨考慮讓資深員工當你的幕僚。他們可以提供你謹慎的意見，告訴你正常程序和行為規範，並且對你的作風給出建議，加速你學習。

自我檢視

- 我對員工的工作了解多少，我知道他們有什麼困難嗎？
- 我能不能列出組織文化中主要的三項潛規則？

亨利‧明茲伯格（Henry Mintzberg）

領導能力代表管理落實良好

管理和領導並非兩種互相獨立的任務。

亨利‧明茲伯格（1939－ ）是加拿大的學者兼作家，他出版過許多管理學著作。近幾年他反對管理與領導不能混為一談的說法。

> 領導者不能只是將管理工作分派出去；與其將管理與領導者分開，我們應該把經理人視為領導者，將領導能力視為良善管理。
>
> 亨利‧明茲伯格

你該做什麼

- 與其列出領導者的特質和行為，並且拿來和管理階層做對比，明茲伯格將兩者視為連續性的工作。把你的工作和這份光譜對照，即可判斷你所做的是管理還是領導。

管理與領導光譜

經理人關心的是…… ⟷	領導者關心的是……
現在	未來
計畫	願景
系統維護	大局
維持現狀	改變
回饋	啟發
目的	成果
監控員工	影響員工
建立秩序	為追隨者提供目的和方向

經理人關心的是…… ⟷	領導者關心的是……
傳播組織文化	建立組織文化
正確做事	做正確的事
處理組織雜事	進行改革並處理隨之而來的影響
建立秩序和一致性	發起改變和運動
計畫和預算控管	提出願景和策略
管理組織架構和人員	讓員工依據願景和目標行事
解決問題	預知問題並且及時解決問題
經濟和效率	成效
保持在正軌上	開闢新路

資料來源：詹姆斯‧麥格拉斯（2004）「Leading in a managerialist paradigm: a survey of perceptions within a faculty of education」，博士論文：伯明罕大學。

- 別再把自己定位為經理人或領導者，想像自己是可以進入任何角色的演員。有時候你必須當個經理人，專注於現況，解決短期的問題並且在急迫的期限內完成工作。有時候你必須提供員工願景，讓他們知道團隊、部門或組織五年後的樣子。你同時扮演兩種角色，我們都有潛力可以做好這些工作。
- 然而，雖然我們都有領導潛力，但只有願意走出管理的安全堡壘、突破自我的人，才能成為成功的領導者。領導是一條寂寞又充滿風險的路。你走出群體和管理團隊，告訴他們：「我知道我們該做什麼。跟我走就對了。」不是人人都有這種自信和自負。然而，如果你極度渴望這麼做，既然管理和領導技巧是可以培養的，你就應該建立你的自我信仰（詳見「大師格言14、15」）。

自我檢視

- 責任通常跟隨領導而來。我願意承受如此重大的責任嗎？
- 有時候領導者必須把難以啟齒的話說出口。我是否願意在職場上和社交場合上說出忠言逆耳的意見，並且承擔後果？

夏克拉博蒂（S.K. Chakraborty）

組織的價值觀源頭

找到或建立組織價值觀。

夏克拉博蒂（1957－）是印度裔學者和作家，他在企業倫理和價值方面有廣泛的著作。他表示：

> 組織價值永遠都來自於個人價值，尤其是元老級成員和高階主管。
>
> 夏克拉博蒂

身為一位領導者，你必須建立、維護並推廣組織價值觀。

你該做什麼

- 先嘗試找出組織價值觀是一個不錯的開始。這可以很簡單也可以很困難，因為你要比神探可倫坡、大偵探白羅、摩斯探長、雷博思警探更用心。

- 找看看是否有任何陳述組織價值觀的檔案。如果有，抱著懷疑的態度看待這些價值觀，觀察公司是否真的有實踐。在觀察期間，寫下你認為有落實和沒落實的價值觀。

- 如果找不到任何白紙黑字寫下的價值觀，那麼就找看看有沒有願景或使命宣言。通常這類資料即使沒有明寫，也會內藏著組織價值觀。我再說一次，你不一定要相信你找到的。觀察組織如何對待員工、顧客、供應商、股東以及利害關係人，這樣就能看出很多端倪。例如，如果你在開會時，經常看到可憐的員工被當眾羞辱，那麼這個組織就是不尊重它的員工，無論它宣稱了什麼價值觀。

- 如果你找不到任何有價值觀聲明的文件，也別急著認定組織沒有任何核心價值觀。我認為吉百利巧克力在吉百利家族經營的期間，也不一定有寫過任何價值

觀聲明。人人都知道吉百利巧克力公司的價值觀是基於貴格會哲學，而且落實在每一個層面。

- 如果你找不到任何明文寫下的價值觀，那就仔細觀察並與同事聊聊在他們心目中，組織有哪些價值觀。
- 如果你發現組織沒有任何引領組織發展的價值觀，那麼請根據你現有的資料決定你該做的事。中階或初階主管無法將自己的價值觀灌輸到組織內。資深主管則可以，假設他們得到高層管理團隊或董事會的支持。當然，如果你是主席或執行長，你可以開始改變組織的文化，但你必須想好如何處理反對意見（詳見「大師格言61、63」）。
- 在沒有組織價值觀的狀況下，你可以依據你的價值觀管理員工。員工會將這些價值觀散播至組織各層面。
- 請記住，價值觀表現在你的言行之中。價值觀必須潛移默化至員工心裡，並且下意識地落實在他們的所作所為上。只有在無人監視的狀況下，員工還能秉持組織價值觀，你才算成功。
- 記住，如果你無法堅持某件事，那最後你就得容忍一切。

自我檢視

- 身為一個個體和經理人，我奉行的是哪些價值觀？
- 我是否了解組織的價值觀，以及我該如何鞏固這些價值觀？

克勞德・泰勒（Claude I. Taylor）

建立願景的重要性

必須努力和員工溝通並推動你的願景。

克勞德・泰勒（1925－2015）任職過好幾年的加拿大航空總裁。他觀察到：

> 領導者確實需要為組織訂下明確的願景及未來方向，然而，這願景要取得認同，促使員工產生熱忱並重視對工作的承諾，否則它是沒有價值的。領導與溝通密不可分。
>
> 克勞德・泰勒

你該做什麼

- 設定太多的願景不過是一堆廢話。願景不同於使命、最終目標或小目標。願景是組織力求的目標，期待組織有所作為並具備代表性。願景或許永遠不會實現，但卻是組織進步的動力。這也意味了願景必須有意義、明確、可理解且能簡單傳達給員工、客戶及其他利害關係人。

- 遺憾的是，很多組織在願景聲明中長篇大論，員工不只難以理解，還記不住。這些組織犯了上述所有錯誤，導致員工無法理解願景。在公司內到處張貼願景是無法解決問題的。若由員工自由解釋，二十人會有二十種理解，這樣就很難將願景與工作結合。

- 利用下列策略確保員工理解且能實踐願景：

  —— 以簡明易懂的文字取代艱澀難懂的術語和行話，寫下使命。

  —— 持續修正和簡化聲明，直到你可以在二十個字內表達出來。

  —— 向員工做簡報，介紹願景並解釋管理的意義。就算你的聲明非常簡明，這個動作也是必要的。為什麼呢？因為管理階級和基層對願景的理解可能差很多。例如，「有效率地傳遞服務」對管理階層來說是產出最大化，但對

基層來說則是裁減第一線員工。

——讓員工提問且誠實地回答。當員工誤解願景時，可以糾正他們，但別忘了，聲明本身也可能意義表達得不夠明確。

——別等員工問你：「我該怎麼做才能符合公司願景？」要主動告訴員工，他們的工作有多重要。舉例說明各項工作對願景的重要性。例如，你們有一項很棒的產品，但如果員工包裝不細心，或在運送過程中導致商品受損，顧客怎麼可能會開心呢。

——領導人和經理人必須在日常工作中，時時提及願景。一旦出現問題，員工就會主動思考「這問題該怎麼處理才不會違背組織的願景？」如果必須刪除某些程序或過程才能達到這個目的，那就做吧。沒有人會因為將組織的願景看得比體面的規定或規範來得重要，而受譴責。

自我檢視

■ 我能一字不漏地背出組織願景嗎？我的員工能說出願景的內容嗎？

■ 我是否對願景的價值抱持不屑的態度？如果是，那我的態度是否影響了員工對願景的心態？

桃莉絲・基恩斯・古德溫（Doris Kearns Goodwin）

領導者需要唱反調的人

廣集大家的意見和想法。

桃莉絲・基恩斯・古德溫（1943－）是美國的自傳、歷史及政治評論家。她認為聆聽四面八方的意見，可以使領導者大幅提升決策品質。

> 你周圍必須有人可以提供各種意見，並且不怕死地和你唱反調，這樣你才能發揮良好的領導力。
>
> 桃莉絲・基恩斯・古德溫

你該做什麼

- 要承認自己帶有偏見。我們都有。我們對許多事情的看法，都是建立在自己過去的經驗和成長環境，然而我們對這些事根本一無所知。當你面臨決策時，這些偏見都會有意識或無意識地影響你的想法。你需要身邊的人質疑、挑戰你的刻板想法，揪出你的成見，讓你對事情有更全面的看法。

- 問題是，這種人就像雞長牙齒一樣極為稀罕。因為在許多組織裡，只要他們從圍欄中伸出來頭和老闆唱反調，立刻就被一槍斃命。很多經理人和領導者說：「我不希望大家對我唯命是從。」但在下次會議上，若遭到質疑，他們立刻顯現出厭惡的態度，並且會讓那些反對他們的人不得好死。喜歡和他們唱反調的慣犯，通常會被打入冷宮重新教育，等到他們學會說：「你說得對！」「你的想法超棒！」的時候，才能重見天日。

- 有能力的領導者，不會害怕員工和同事提出有建設性的異議。所以，鼓勵他人挑戰你的想法和觀點，不要拒絕別人的意見。公平地評估他人的看法，適時改變自己的想法，並且樂於向他人解釋你的決策理由。

- 表現出你不會報復或對唱反調者懷恨在心的態度，讓你有機會與同事和員工展

開真心的對話。

- 這些敢質疑主管、權威、常識及現狀的人，他們的新想法是組織未開發的珍貴資源之一。如果你能取得這項資源，便能成為眾人眼中成功的領導者，獲得豐碩的工作成果（詳見「大師格言45」），而且也會贏得民心，因為你懂得聆聽、尊重並且鼓勵員工改變工作方式。

自我檢視

- 當我在會議上遭到質疑時，是否會立刻產生防衛心和攻擊力，或者我樂於聆聽他人的想法？
- 一定要由我掌控會議嗎？我是否應該退居次位，聽他人說話就好？

約翰・昆西・亞當斯（John Quincy Adams）

如何發現自己是領導者

評估你自己對追隨者的影響力。

約翰・昆西・亞當斯（1767－1848）是一位政治家和美國第六任總統。他對領導者的定義取決於一個人對追隨者的影響力。因此他說：

> 能鼓舞他人擁抱更多夢想、更多學習、更多行動和更多轉變，你就是一位領導者。
>
> 約翰・昆西・亞當斯

你該做什麼

* 追隨者不只會被領導者的成就鼓舞，他們也會被領導者的故事激勵。領導者是因為像電影《華爾街》裡的哥頓・蓋柯一樣無情、貪婪才成功的嗎？抑或他們成為人人敬仰的對象，是因為像《風雲人物》裡的喬治・貝禮一樣，永遠將別人的需求擺第一？換句話說，人們會受到領導者的品性和價值觀影響。若人們信服你的作為、價值觀和品性，那無庸置疑，你正走在成為領導者的路上。

* 我們的發言也可以鼓舞和激勵他人。邱吉爾和馬丁・路德在最黑暗的時代，都透過演說來提振追隨者的士氣。若他們說一套做一套，那這些話都會顯得膚淺和毫無意義。邱吉爾在二次大戰期間，不顧危險留在倫敦，而馬丁・路德總是走在遊行隊伍的最前方，即使深知自己可能隨時被警察、警犬、州警以及三K黨等「關心事件的市民」攻擊。如果你表裡合一，人們就會相信且追隨你。

* 選擇適合傳播想法的方式也頗有難度。邱吉爾和馬丁・路德都是傑出的演說家。他們皆專精演講技巧，而且知道如何架構內容以達到最大的影響力，並且善於創造經典格言。你不需要成為偉大的演說家，你只要用清楚、淺白的話和明確的聲明和追隨者溝通。然而，你字字句句都要誠懇。你要相信自己所說的

話，你的聽眾可以從你的語氣中判斷。不要擔心說話時帶有一點情緒，這樣反而讓人感受到你的關心、你在乎自己所說的話，而且聽起來更有人性，更能吸引你的聽眾。

- 別忘了佛要金裝、人要衣裝（詳見「大師格言13」）。在你成為領導者之前，你得遵守組織的服裝規定，例如深色西裝／洋裝、T恤和牛仔褲。當你成功後，你可以穿著適合自己的風格。外表將成為你的形象之一，這形象會和你連結在一起，並且不會妨礙你所傳達的訊息。合宜的形象甚至有助於你傳遞訊息。

- 別擔心多多鼓勵他人。人們渴望受到鼓舞／吸引。

自我檢視

- 我是否言行一致？
- 在我的人生中，誰是我的心靈導師？他們哪方面的特質激勵了我？

結語

我在挑選這章的 TOP 10 格言時，在華倫・班尼斯和亨利・明茲伯格之間難以抉擇。他們都試著打破「領導者擁有與生俱來的特殊能力」之迷思。若我們希望培養夠多的領導者帶領我們在私領域和公領域中前進，破除這個迷思非常重要。最後我選了華倫・班尼斯所說的話，因為它簡單明瞭，又具有強大的力量：

> 最有害的領導迷思，是認為領導者是天生的……這個迷思斷定一個人能不能成為領導者取決於他的群眾魅力。太荒謬了……領導者是培養多於天賦。
>
> 華倫・班尼斯

如果你仍不相信領導能力和一個人特不特別、是否擁有特殊能力無關，那麼就請看看下面這一句話，這是我在蒐集本書資料時看到的。這是唯一一句來自某組委員會的格言：

> 領導最難的地方，就是你必須不斷思考自己的決策對他人有什麼影響。
>
> 密西根警署格言

這是相對容易達成的領導目標，也是人人都可以運用的領導方式。

給你帶走的一堂課

本章的宗旨非常明確。我希望你知道，包括你在內，人人都可以成為領導者。你只須做好接受挑戰的準備。

第五章
動機

導論

本書的讀者應該都看得出我對彼得‧杜拉克的景仰。我和許多人都認為，他是管理科學領域中最重要的學者。因此，我是帶著不安的心情寫下這一章的內容，因為杜拉克說過：

> 我們對於動機一無所知。我們能做的就是撰寫與這個主題相關的書籍。
>
> 彼得‧杜拉克

我現在非常同意杜拉克的話。我甚至不確定所有的動機是否是先天的，我們所謂經理人帶來的激勵，究竟只是對個人或團體的動機產生影響，或是刺激他們自己創造了動機（光是最後一句就有機會寫出多篇博士論文，不過，我並沒有這個打算）。

接下來的內容，是從各種角度窺視這個模糊的概念。本章結構如下，格言概要：

- 43 談到很多（大部分？）組織和管理階層把員工當小孩看待。
- 44 和 45 解釋為什麼必須讓員工做有意義的工作。
- 46 和 47 的主題是主管如何促使員工自我激勵。
- 48 提及在很多方面，一句好話對員工的動機影響甚大。

閱讀本章的時候，請想一想你目前運用的、以及未來希望用的是哪些激勵方式。

羅伯特‧佛洛斯特（Robert Frost）

職場為何會使人倒胃口

將員工視為智商正常且能把工作做好的大人。

羅伯特‧佛洛斯特（1874－1963）是美國詩人，曾四度獲得普立茲詩歌獎。他的詩經常描繪一般人工作的辛勞。以下這句話，顯示出他對職場敏銳的觀察力：

> 大腦是一個很妙的器官；你起床後它便開機，你一進辦公室它就關機。
>
> 羅伯特‧佛洛斯特

這句話裡的幽默，其實是拜託管理階層要認知到，員工不是機器人，員工是有智商且具備思考能力的人，他們下班後，懂得購屋、養家、控制預算、規畫未來，以及舉辦或參加活動，這些行為都要責任心甚至管理技巧，例如，業餘戲劇表演、玩樂團、到醫院或安養院當志工等等，多到不勝枚舉。

遺憾的是，當員工進到辦公室後，立刻就被公司當作小孩看待：程序和步驟限制了他們所有的行動、他們的建議都會被忽視，因為管理階層認為「他們懂什麼？」這也難怪員工一上班就關掉90%的大腦功能，變得厭世的原因吧？

「呃，接下來的八小時我都用不到你了。」

你該做什麼

- 別再把你的員工當成小孩，即刻起！把他們當作智商正常的成人，只要你願意給他們機會，他們就可以對組織做出很大的貢獻（詳見「大師格言45」）。

- 讓員工參與決策過程（詳見「大師格言54」）。你可以決定員工的參與程度，但如果你的決定會影響員工或他們的工作，那至少要蒐集他們對相關議題的看法。

- 鼓勵員工擔任領導的角色（詳見「大師格言33」）。所有足球隊都有隊長，但球隊經理仍會要求所有球員「在球場成為真正的領導者」。職場上也需要這樣的多元領導。

- 讓員工知道他們的工作對組織很重要，以及他們的努力成就了整體組織的成功（詳見「大師格言44」）。

- 運用赫茨伯格的方式激勵員工（詳見「大師格言45」）。尤其是讓所有員工都能接觸到部分有趣且有挑戰性的工作。這樣你就要重新把單調的工作分配開來。除此之外，當員工表現良好時，一定要予以表揚。

- 定期與員工溝通。積極聆聽他們對於改善客服品質的想法（詳見「大師格言10」），並且了解員工所面臨的問題，仔細討論所有可能的解決方式。持續追蹤問題，確保它們都得到充分的評估，並採取改善措施。

自我檢視

- 我上班的時候，是否關掉整個或部分大腦功能？
- 我是否了解自己以及員工日常生活中的其他能力，這些能力可以在職場上發揮嗎？

肯尼斯・布蘭查德（Ken Blanchard）和史考特・布蘭查德（Scott Blanchard）
向員工解釋他們的工作很重要

要讓員工知道他們的工作非常重要。

　　肯尼斯・布蘭查德（1939 － ）以情境式領導理論聞名，這是他與保羅・赫塞共同提出的理論。史考特・布蘭查德則在肯尼斯・布蘭查德經營的領導顧問公司擔任主講者。

　　在這個時代，我們大多只是公司裡的小螺絲釘，很少人可以從頭到尾了解整體的工作。因此，員工很難了解他們對「成品」有哪些貢獻，無論成品是什麼。肯尼斯和史考特建議所有的經理人都必須：

> **把個體角色與組織目標連結起來。當員工了解這樣的連結後，對工作就會充滿幹勁，也能感受到工作的重要性，從中找到尊嚴及意義。**
>
> 肯尼斯・布蘭查德＆史考特・布蘭查德

你該做什麼

- 如果你的團隊不清楚他們對組織整體成果有哪些貢獻，請繪出組織程序圖。
- 這和組織結構圖不同，組織程序圖比較偏向心智圖，讓成員知道團隊所達成的目標和成果，在組織中發揮了什麼作用。想像你的貢獻是流向大支流的小支流，這條大支流會繼續流向主要河流，最後通往大海。河流和大海交會時，即組織達成了既定的目標和目的。
- 你不需要描繪其他團隊和部門對組織成果的貢獻。你只要展示你的團隊對組織有什麼貢獻。所以盡量簡化且用較粗黑的字體描繪。例如：

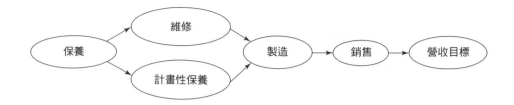

- 當你對流程圖感到滿意後，即可和員工分享，強調他們對組織的必要性，以及他們的成敗會如何影響組織的成果。你可以誇大一點，吹捧他們對組織的重要性。

- 你分享自己的流程圖後，再請所有員工描繪自己的工作對組織目標和成果的貢獻。你會很訝異，竟然那麼少人了解自己的工作對組織有什麼貢獻。這種情況在大型部門和團隊尤其常見。

- 和每一位員工討論他們的心智圖，在你發現他們有任何誤解時，要及時糾正，並且再次強調他們的工作對團隊和組織的價值。

- 時常向員工和同事強調他們的工作有多麼重要。你的目標是讓員工和同事認為他們的工作非常重要。

自我檢視

■ 我是否充分了解自己和團隊的工作，對組織的目標和成果能發揮什麼作用？

■ 我的員工是否知道他們對組織目標和成長做了哪些貢獻？

弗雷德里克‧赫茨伯格（Frederick Herzberg）

動機來源（TOP 10）

打造讓員工可以自我激勵的工作條件。

弗雷德里克‧赫茨伯格（1923－2000）是鼎鼎大名的管理學學者和作家。他特別關注那些可以激勵人心的因素。最令人震驚的是，他發現薪資並不像大部分的人所想的，是最大的激勵因素：

> 真正的激勵因素來自成就、個人發展、工作滿意度及認同感。
>
> 弗雷德里克‧赫茨伯格

弗雷德里克‧赫茨伯格找到許多會影響員工動機的因素。他把可以激勵員工的因素稱為「激勵因素（Motivational Factors）」，而那些低於標準便會引起員工不滿的因素，則稱為「保健因素（Hygiene Factors）」，這些因素如下：

可以激勵員工的因素	不足的話會引起員工不滿的因素
有趣且具有挑戰性的工作。	工作環境和／或員工餐廳等職員設施或與管理階層的溝通。
有意義和價值的工作。	當薪資和職安標準太低或受到威脅。
在工作上有裁量權，並且有足夠的資源完成工作。	組織的規定、政策及程序妨礙員工工作，而不是幫助他們完成工作。
工作成果受到管理階層的認同。	員工關係差。

你該做什麼

• 你無法激勵那些沒有自尊心也不在意工作的人。你應該招募有責任感、熱忱、積極主動，對自己和工作都有自豪感的人（詳見「大師格言46」）。

- 利用每一次機會，包括一般聊天、所有形式的會議、訓練活動以及社交活動去了解員工。你越了解員工，就越能掌握激勵他們或引發他們不滿的因素分別是哪些。
- 持續檢討保健因素，確保沒有任何保健因素降到令員工無法接受的標準。
- 確保每一位員工都分配到單調卻重要的工作以及有趣的工作。不要把無聊的差事都交給同一個人。有必要的話，請重新分配工作。你自己也分點苦差事做，有助於促進團隊精神。但請務必控制這類的工作量（詳見「大師格言20」）。
- 告訴員工他們的工作有多重要（詳見「大師格言44」）。
- 一一與員工溝通，設定專屬的目標。讓每個人為自己的工作結果負責，讓他們擁有工作的裁量權，由他們負責（詳見「大師格言68」）。
- 公開表揚員工的工作表現。員工或許會覺得尷尬，但這不表示他們不喜歡受到肯定。

自我檢視

- 我有激勵自己嗎？或者別人說的話和行為可以激勵我？
- 我有嘗試激勵員工嗎？我在激勵員工的時候，是否有考量個人差異？

湯姆・彼得斯（Tom Peters）

自我激勵

雖然主管對員工的激勵有限，但少不得。

　　湯姆・彼得斯（1942－）原本是麥肯錫的管理顧問，後來成為最成功和最有影響力的管理學權威，同時也是多本管理學著作的暢銷作家。他喜歡打破傳統思維，認為只有自己可以激勵自己。

> 一般都認為，主管要學會如何激勵員工。胡扯。員工其實懂得自己激勵自己。
>
> 湯姆・彼得斯

　　湯姆・彼得斯的言論，其實是針對長期以來有關動機本質的一場爭辯：動機源自內在還是外在？假設彼得斯說對了一部分，那你該怎麼做？

你該做什麼

- 別完全放棄鼓勵員工。參考弗雷德里克・赫茨伯格的建議，提供讓員工能自我激勵的條件（詳見「大師格言45」）。
- 你在職涯中會碰見一些主動積極的員工。通常你要學會控制並且引導他們發揮能量。此外，其他員工可能認為領的比做的少，若要避免這樣的問題發生，你必須要找出鼓舞員工的因素，尤其是在委派工作或晉升員工的時候。
- 包括面試在內，所有的徵選過程都不能保證一個人在工作上的表現。如果你可以從內部升遷，就能降低選錯人的風險。透過內部升遷，你可以避免選到一個一到假日就失蹤的員工。你已經對內部人員有一定的認識，你了解他們的能力，所以你可以根據對他們的認識，正確預知他們升遷後的工作表現。
- 無論你從內部或外部徵選人員，都要確定：
　　——她或他是有自尊心的人。這種人通常對自己嚴格且標準很高。他們不會想

讓自己和你失望。

——你挑的人態度積極。如果一個求職者對自己要求很高，通常也代表他們主動積極，因為他們會保持水準甚至超越自己。

——求職者保有熱忱並值得信任。你可以從他們的回答和對談互動感受到求職者的熱忱。至於信賴度，你需要他／她前主管的推薦信才能判斷外部求職者是否值得信賴。

——能夠綜觀大局的人。這是判斷一個人是否適任資深主管的主要指標。高階主管和其他管理階級必須能跳脫自己的專業背景和觀念，從組織的角度而非以會計師、工程師或行銷經理的立場去思考組織的課題。

• 最後，觀察求職者的思考是否符合常理。如我們所知，這是最稀有的特質，卻是妥善管理的基礎和組織所需的人才。

自我檢視

■ 我認為員工會自我激勵嗎？還是我必須鼓勵和點燃他們的驅動力？

■ 如果員工會自我激勵，我的驅動會讓他們產生什麼感受？

巴頓將軍（George Patton）
藉由授權提升部屬動力

對待你信任的人，就該授權。

　　小喬治・史密斯・巴頓（1885－1945）出身美國陸軍，很可能是二戰聯盟中最驍勇善戰的將軍，也是德軍最害怕的將領之一。

　　他對自己的部屬懷有高度期待與標準，而且對他們的能力有信心到足以說出這句話：

> 絕對不要教別人怎麼做事。把工作交給他們，他們就會用新穎的創意帶給你驚喜。
>
> 巴頓將軍

你該做什麼

- 巴頓將軍之所以這麼堅定說出這句話，有部分原因是因為他受不了笨蛋。在他底下做事，若沒有達到他的標準就是走人。沒有藉口，不容拖延。他只願意和最優秀的人共事，因為他相信自己是最傑出的。格言25和46提供的是如何篩選最佳員工的建議，然而，就算你完全照做了，還是有可能挑到不理想的人。如果這種事不幸發生，就照正確程序把他們攆出你的團隊。這或許會很花時間，但留下來的成員會立刻知道你只想要最好的人才，並且會自我提升。他們的自信心會逐漸茁壯，而且竭盡所能達到自己、你及同事的要求。

- 打造有榮譽感且高績效的團隊，團隊成員不需要你下任何指示，例如「去做X，做完告訴我。」他們會把你的授權當作信任，並且會力求表現。因為他們會全心全意工作，少了你的指示，他們可以想出更適當的解決方案、好點子或做出佳績。為什麼我如此肯定？很簡單。因為你根本沒有時間和精力為所有問題找出最佳解答／結果，你若只基於粗略的了解就做出指示，反而會限制他們

的行動，因為你給他們設定了既定的方向。

- 若你執行了員工的想法，就應該表揚他們的表現；這麼做會增加員工的自信並且更信賴你的領導。
- 「大師格言46」認為只有自己可以激勵自己。巴頓將軍似乎也贊成這樣的想法。他提供條件，包括期待成員的卓越表現，促使員工自我激勵。

自我檢視

- 團隊中哪一位成員可以用嶄新的創意讓我感到驚喜？
- 我有沒有信心授予員工工作的裁量權？

約翰・伍登（John Wooden）

表現出對團員的關心

在職場上說一句讚美和感謝的話，力量非常強大。

　　約翰・伍登（1910－2010）是曾經帶領球隊奪得十次NCAA冠軍的美國籃球員和教練，其中包括一次七連霸的紀錄。他提出的想法被很多美國企業採用，包括「成功金字塔」的概念。他最廣為傳誦的名言是：

> 找機會展現你的關心。最小的舉動往往有巨大的成效。
>
> 約翰・伍登

　　聽來簡單，但上一次你老闆對你說：「做得很好！」是什麼時候？甚至，你上一次對你的員工說這句話又是什麼時候？既然我們提到了，那你何不感謝員工的努力？

你該做什麼

- 利用所有機會認識你的員工。包括日常對話、會議、巧遇、午餐聚會、社交活動及任何你想得到的場合。了解他們的工作、遇到的問題、喜歡和不喜歡工作的哪一部分。你對員工展現出越多關心，並且了解他們的工作壓力，員工就會越重視你的讚揚。

- 當你看到某位員工表現優異，請立刻予以稱讚。就我們所知，回饋的速度越快，影響力越大。然而，如果你看到某位員工工作上的過失，請等員工獨處時，與他私下談論此事。在大庭廣眾之下羞辱員工只會壞事！

- 你看到員工表現良好，並且立即讚美他「做得好」，並不表示你不能再次於員工會議上表揚這件事。人們或許會不好意思被公開表揚，但他們內心其實雀躍不已。

- 如果員工在工作或家庭上不順心，讓他們知道你有在關心。問候一下員工生病的親戚，或者當員工家裡有人生病時，讓他們在家上班，有助於你和員工建立穩固的關係。
- 當員工生活中發生了喜事，例如家人考取證照或即將為人父母、晉升為爺爺奶奶，請記得恭喜他們。
- 「謝謝！」也是一句擁有強大力量的話。想一想你上次開車載別人出去，而別人連說一句「謝謝！」都沒有。是不是很令人不開心。當你盡心盡力工作，卻沒人留意到你的付出時，也是如此，而這種事我們每個人都碰過。

自我檢視

■ 我是否善於關心員工？

■ 我對員工的生活了解多少？

結語

我這一章選出的 TOP 10 格言，顯示了我個人的偏見。赫茨伯格的激勵因素和保健因素和我的觀點不謀而合，我認為動機絕大部分來自先天的、且存在於每個人心裡。主管的職責是激發員工的動機，並且除掉會妨礙動機產生的事物。因此，主管必須把讓員工感到不滿的保健因素降到最低，打造適當的工作條件，包括：

> 真正的激勵因素來自成就、個人發展、工作滿意度及認同感。
>
> 弗雷德里克 · 赫茨伯格

給你帶走的一堂課

關於動機，我們可以很肯定的是，激發每個人的動機因素，存在著相當大的差別。因此，了解員工、知道他們的喜好、理想、個人情況等非常重要。換句話說，你要把員工當成個體看待。

如果你有二百名員工，你很難甚至不可能深入了解員工。你要指示團隊領導者、主管、基層主管及其他人代表你去做這件事。所以要訓練這些核心人物，讓他們去做你希望他們做的工作，並清楚交代你期待他們如何對待員工。

第六章
決策

導論

　　從管理的角度來看，區別高階主管和中階主管的要素就在於決策。好的決策者之所以能成為成功的高階主管，就在於他們全方位地思考課題，而不是從單一角度切入。主管往往只從自己的專業背景去思考問題，這種偏頗降低了他們的決策效率，也因為他們的偏見無法做出最適當的決策。若你想要升遷或成為更好的決策者，必須避開這樣的陷阱。

　　這章的範圍比動機更廣，沒有任何重疊的內容。內容最相近的是格言51和54。然而，兩者之間的差異還是非常明顯。肯‧布蘭佳認為應該讓員工做決策，而羅莎貝‧摩絲‧肯特則認為，主管應利用基層員工所蒐集的資料進行決策。

　　我們都有自己的決策方式；當你閱讀本章時，找出一至二種最適合與你的決策法結合的方式。如果成效不錯，那就再試試其他方法。不要一夕間完全捨棄自己的方式。這是高風險的做法。你需要的是改革，而不是革命。

羅伯特・湯森（Robert Townsend）

決策要簡單

簡單，是決策的原則。

羅伯特・湯森（1920－98）是安維斯租車的董事長以及一九七〇年代暢銷書《提升組織力：別再扼殺員工和利潤》的作者。他認為工作就是要好玩，如果你並不享受工作，那就應該走人，去做你喜歡的事。

他甚少著墨於管理理論。他的主張都是根據經驗而來，也就是成功地帶領安維斯租車從小不隆冬的公司，成長為全美第二大租車企業的經驗。

> 決策只有兩種，需要砸大錢才能改變的，和不需要砸大錢就能改變的。
>
> 羅伯特・湯森

不是人人都是好的決策者。有些人拚命蒐集資料，擔心漏了任何細節。有些人偏好即時決策，甚少參考資料，這樣的決策看在別人眼裡，可能會顯得草率又風險極大。有趣的是，沒有研究證據顯示，哪種決策風格最有效。這或許是因為決策關乎未來，卻沒人可以精準預測未來。運氣在任何決策中都有很大的影響力。

你該做什麼

- 在最少的資訊下，若一項決策不會花太多錢並且可以迅速修正，就大膽地做決策。因為，蒐集詳細資訊的成本可能比做錯決策高。而且，猶豫不決可能會延誤你做出更重要的決策。
- 記住，若你無法迅速做「廉價的決策」，大家就會認為你優柔寡斷。
- 若一項決策所費不貲而且難以修正，那麼在做決策時雖然不必擁有完整的資料，但至少要有充足的資料進行評估。

- 做決策的時候，資料永遠沒有蒐集完的一天（如果有，你就不用做決策了）。問你自己，這些資料可能受到了哪些因素影響：錯誤的假設、一廂情願的想法、錯誤的計算、對於顧客人數、現金流的預期過度樂觀，或者低估了風險。
- 不妨記住這一點，當你在審核未來計畫時，會計師的訓練通常會使他們在預測上偏於悲觀／審慎，而業務人員則因為訓練和團隊文化影響，則會過於樂觀。
- 務必寫一份決策追蹤報告。缺少事後評估，你等於失去了解白己決策行為缺點的大好機會。了解決策的優缺點，有助於提升你未來的表現（詳見「大師格言69」）。

自我檢視

- 我需要多少資訊才能做決策？
- 我是否需要為廉價決策和昂貴決策訂定不同的標準資訊量？

海爾嘉·德拉蒙德（Helga Drummond）

要放得下損失

這是你做決策的第二原則。

　　海爾嘉·德拉蒙德（1956－）是英國利物浦大學管理學院決策科學的教授，她在決策領域著有廣泛的著作，包括《經濟學人：決策指導書：做對的決定》她認為多數決策者的錯誤，在於不知道停損的時機。

> 做錯決定已經夠糟了，堅持錯誤的決定並繼續撒錢則更慘。
>
> 海爾嘉·德拉蒙德

你該做什麼

- 以上這句話是非常簡單的準則，其中的道理更是簡明扼要。然而，決策者因自尊心作祟，卻很可能讓這句話中的道理難以在現實中執行。一旦發現決策出錯了，決策者的自尊心會妨礙他們進行分析式思考，且繼續撒大錢以維持他們的名譽，期望最後能逆轉勝。別讓你的自尊心控制你的腦袋。

- 決策時，絕對不要考量沉沒成本。無論你的決定如何，那些錢沒了就是沒了。沒錯，一項專案損失一千萬英鎊很丟臉，但如果你為了挽救專案而再丟入二千萬，那就顯得更蠢了。做決策的時候，只需考慮未來的現金流。例如，你在專案中已經砸了三百萬，而且還要再花四百萬來完成這個案子，請將額外多出的這四百萬、而非七百萬（三百萬＋四百萬）與未來的現金流進行比較。如果未來預期的獲利會超過四百萬，那你就可以繼續執行下去，若數字低於四百萬，那你就應該撤退。

- 「天啊，我們已經砸了這麼多錢，至少要看到成果吧？」絕對不要有這種想法。這種想法純粹是決策者希望能藉由成果來挽救自己的名聲。蠢斃了。

- 好勝、自私，以及執著的人，最可能放不下自己的損失。這種人無法接受自己

犯了錯，且讓所有同事都知道他做了錯誤的決策。千萬不要讓他人對你的看法掌控了你的決策。你必須懂得退一步。

自我檢視

■ 我是否曾經執著於造成損失的決定？為什麼我會這樣？

■ 我是否對自己的決定過於感情用事？或者我能保持客觀公正？

肯尼斯‧布蘭查德（Ken Blanchard）

將決策權授予基層員工

基層員工所處的工作環境，或許可以做出比你更好的決策。

肯尼斯‧布蘭查德（1939－）是管理學專家和知名作家，他以《一分鐘經理》系列叢書享譽全球。他也相當關注決策領域，並且主張企業應該將決策權交由最基層的員工：

> 如果你希望基層員工⋯⋯對決策負責，那麼，主管用哪些資訊進行企業決策，他們就應該享有一模一樣的資訊。
>
> 肯尼斯‧布蘭查德

我完全同意這句話背後的觀點。然而，我不贊成基層員工與主管應該共享**相同**的資訊。主管手上拿到的是去蕪存菁的資訊，而且職位越高，報告越簡短。因為高階主管必須處理來自組織各部的問題，沒時間看太多瑣碎的資訊，例如包裝問題。相較於此，包裝部門的主管就得掌握鉅細靡遺的資訊以解決問題。事實上，包裝部門主管所擁有的資訊比任何高階主管還多。如果不是這樣，代表他們沒有盡責。

你該做什麼

- 永遠把決策權交給組織內最基層的一員，包括經理、組長、團隊成員。有些決策太重要、複雜而難以交付出去，但帕雷托法則（詳見「大師格言 55」）告訴我們，你可以放心將 80% 的決策交給其他員工。
- 為所有員工訂定決策上限。例如，只要在 44,999 英鎊之內，包裝主管可以自行決定；在 50,000 至 149,999 英鎊之間，須由包裝主管的上級主管會簽；超過 150,000 英鎊的決策，則必須提交給最高層的主管，並附上包裝主管的核准申

請書。

- 分析訓練需求（詳見「大師格言15」），並且提供訓練課程給所有缺乏決策知識的主管，例如，不懂什麼是現金流折現。
- 與每一位決策者保持聯繫，了解他們需要財務部門、生產部門或業務部門提供哪些定期報告，並明確規定報告提供者，讓主管可以隨時調閱專案報告。
- 不應該有人因做了錯誤決策而被唾棄。羅伯特·湯森（詳見「大師格言49」）表示，優秀的主管往往做對33%的決策、做錯33%的決策，剩下的決策則根本無關緊要，不會影響最後的結果。所以，我們都會做錯決定，幸運的話，從錯誤中學習。如果你嚴懲員工的無心之過，事情很快會傳開，員工就不敢學會做決策了。

自我檢視

- 我擔心把裁量權交給員工嗎？
- 我把工作都推給員工，還是委派給他們？

巴德・哈德菲爾德（Bud Hadfield）

直覺在決策中的價值

運用直覺是對的。

巴德・哈德菲爾德（1923－2011）是美國 Kwik Kopy 公司的創辦人，是一位傑出的企業家和作者，他認為並非所有的資料都能被量化：

> 當你必須針對一個人或問題做決定時……相信你的直覺並採取行動
> 巴德・哈德菲爾德

巴德・哈德菲爾德並不是唯一一個認為主管應該多憑直覺做事的人。海耶克提倡自由市場主義，曾榮獲諾貝爾經濟學獎。他認為計畫經濟之所以注定失敗的原因之一，在於非組織核心的員工不可能鉅細靡遺地呈報所有當地狀況、問題及商業機會給中心。因為他們大部分的知識存在於潛意識裡，每天悄悄地影響他們的想法和行動。

很多時候，你「就是知道」該怎麼做，而且事後證明你是對的。又或者，你在執行新主管的政策或工作流程時，你和部屬很肯定這些新政策和流程絕對會失敗，卻說不出原因。失敗後，新主管便責怪員工不支持他的決策。在上述這兩種情境中，你使用的就是你的隱性知識。

所以，該如何累積你的隱性知識？

你該做什麼

- 累積隱性知識的關鍵，就在於把資訊儲存在腦海中。持續利用所有機會，從員工、主管、顧客、供應商及眾多利害關係人身上蒐集組織的資訊。
- 起來走動走動（詳見「大師格言 54」），和每個人聊天，從清潔員（他們會瞄到每個人辦公桌上擺放的東西）到資深主管、董事，以及你遇到的任何人。

- 用心聽大家在會議上的發言、閒聊以及開玩笑的內容，累積你腦海中的資訊。
- 觀察大家在會議上的表現，包括態度、信念、動機及同事關係。
- 閱讀與組織相關的新聞或網路報導。
- 永遠要留意其他組織、部門的新想法，思考是否能挪為己用（詳見「大師格言82」）。
- 做筆記，記下任何與公司相關的有趣評論、活動、趨勢、問題、機會、威脅及八卦。
- 任何你從電視、書籍、報章雜誌、專業雜誌中看到的資訊，都能累積你的隱性知識。
- 你的潛意識會累積這些分散和支離破碎的資訊，在大腦中組合並產生連結，就會增加你的隱性知識。當你未來碰到新的問題時，這些知識會在意識層面或潛意識層面影響你的想法，告訴你解決問題的答案。

自我檢視

■ 我是否同時運用數據和直覺來做決策？
■ 我做決策時是否排斥自己的直覺念頭？

瑪麗‧帕克‧傅麗特（Mary Parker Follett）

永遠都有兩個以上的選擇（TOP 10）

記得，你永遠都有另一條路可以走，只是還沒想到。

　　瑪麗‧帕克‧傅麗特（1868－1933）是一位美國社工、管理顧問及組織理論先驅，在她那個時代，鮮少有女性的管理學研究者。

> 我們不應該讓自己被二擇一霸凌。你往往可以找到比眼前兩種方案更好的選擇。
>
> 瑪麗‧帕克‧傅麗特

　　在瑪麗‧帕克‧傅麗特眾多的成就外，她也是一位哲學家，或許這也是她不認為世界上所有的決定都只能二擇一的原因。

你該做什麼

- 身為一位主管，你往往要從兩種選擇中做出決定。員工呈報資料給你，請你二選一，因為這是簡單又迅速的決策方式，又或者因為他們本來就有自己的偏好，所以他們在報告或簡報中，會引導你選擇某一方。
- 如果一項決策不花錢，而且出現錯誤時能及時挽救，那就遵從湯森（詳見「大師格言49」）的建議，從員工提供的兩個選項中擇一。
- 如果一項決策需要投資大量的時間和資金，你應該問問被採納和否決的選項分別是哪些。你完全可以這麼要求，因為你比報告者更了解組織，你可以看出原本那些被否決的選項具備哪些優勢。並且，在討論這些選項的時候，你可能會發現其他可行的方案，或是結合兩種或更多的想法。
- 如果你是負責提供選項的人，請務必提供一到二個最佳選項，但也要在附件中簡單概述其他可行的方案。

- 做決策時，避免直線思考，這會讓你陷入二擇一的觀點。解決的方法之一，是組成小團隊。把你的問題和手上的資訊告訴團隊成員，請他們提供適當的解決方式。然後，你不要插嘴，把問題留給他們思考。你需要的是新穎的想法和觀點，所以在他們報告之前，不要告訴他們你個人的偏好。

自我檢視

- 我思考問題解決方案時，是否有廣納眾人意見？
- 我是否往往只看到一或二個答案，就鑽入死胡同，排除了其他可能性？

羅莎貝・摩絲・肯特（Rosabeth Moss Kanter）

最有用的資訊不會藏在辦公室裡

鼓勵自己多走出辦公室，與人群對話。

羅莎貝・摩絲・肯特（1943－）是哈佛商學院的企管教授，也是變革管理專家及享譽全球的管理作者。他是走動式管理（MBWA）的支持者，因為高階主管可以透過這種方式及時掌握辦公室的狀況。

> 那些必須要為未來做出決策的人，往往汲取不到企業內最棒的想法，因為這些資訊都藏在（組織）邊陲或最基層的員工手上。
>
> 羅莎貝・摩絲・肯特

你該做什麼

- 每周安排時間走出你的辦公室，執行走動式管理（MBWA）。花多少時間巡視，取決於你的職位高低。初階和中階主管較常接觸基層員工，通常很了解現況。高階主管、決策層、董事會成員往往因為離基層太遠，所知甚少。後者需要積極進行走動式管理。

- 安排在不同的日子、時間及地點巡視，否則員工會準備好等你大駕光臨，你絕對不會希望這樣。你要的是和員工非正式的聊天，而不是安排好的會議。

- 為每趟巡視設定目的，例如，了解員工對改組的看法？不過，如果有員工提出其他問題，你也要隨機改變巡視的目的。你的目標是傾聽員工的想法和意見，而不是蒐集你想要的資訊。

- 你的整體目標永遠都是：了解員工對組織的感受和想法，以及組織內的改變，對他們與同事、其他部門、供應商、顧客及其他利害關係者的關係產生了什麼影響。

- 聽員工說話。不需要和他們分享你的想法。用你的眼睛觀察不同的組別、團

隊、部門之間如何行動和互動。閉上你的嘴，耳朵打開就好。

- 別太常開會，不過一旦會開了，就透過會議好好處理當前議題，並且找機會打聽其他資訊，例如哪些人／哪些部門相互結盟、原因為何？哪個主管和同事開戰、為什麼？在會議上，誰的意見受到尊重，誰的意見被忽略？誰在會議上說話最有影響力？

- 與員工或其他主管私下閒聊時，仔細聽他們說話的內容。不要漫不經心，邊聽邊思考你該如何完美回應對方。如果你說個不停，什麼都學不到。

- 當你巡視辦公室時，把所聞所見記在心裡，或者記錄下來任何令你覺得有趣、不尋常、很好或有待改進的地方，以及值得深入調查或奇特的行為（好壞皆可）。

- 聽到真正重要的事情時，寫下來，並且列入你的目標和最終目標（詳見「大師格言68」）。

- 觀賞克林・伊斯威特的電影《人生決勝球》，體會聆聽基層員工想法的價值。

自我檢視

- 我上一次巡視辦公室是什麼時候？
- 我對基層主管、小組長及員工的想法和工作了解多少？

華倫‧班尼斯（Warren Bennis）

訊息和訊息解讀之間的落差

確認你自己對資訊有正確的了解／解讀。

華倫‧班尼斯（1925－2014）是學者、管理顧問及作家。他認為現代的主管做決策時都會握有大量的資訊。事實上，龐大的資訊量不但無法強化決策，反而會使決策過程變得更複雜。他表示：

> **訊息和訊息的解讀之間，往往有嚴重落差。**
>
> 華倫‧班尼斯

訊息與訊息解讀之間有落差的絕佳例子，就是新的癌症確診患者。根據最近的一份報告指出，在等待診斷報告的患者中，有30%的人認為陽性代表他們沒有罹患癌症。他們握有資訊，但卻誤會了資訊的意思。

你該做什麼

- 你必須先過濾出自己需要哪些資訊。你可以運用帕雷托知名的理論（帕雷托法則）來篩選，也就是他發現，在任何情況下，義大利20%的人口擁有80%的財產。在我們討論的課題中，這是指你手中20%的資料，已經包含80%你制定決策所需的資訊。
- 利用你在組織中的經驗、你經營的市場，以及你過去做過的決策，過濾出真正重要的資訊。
- 帕雷托法則不會解決你的問題。這是幫你省時和找到最佳策略的工具。當你想解決問題時，永遠先從找出關鍵的少數資訊做起。
- 專注在這20%的資訊上。試著全面了解這些資訊，並向提供這些資訊的人請教它們真正的意義。例如，很多與我共事過的主管，做決策時其實都沒有完全看

懂財務報告，但他們因為怕尷尬，也不想顯得自己很蠢，所以不想向別人問清楚。

- 分析這些到手的資訊是否過於悲觀（通常是會計師的預測），或過度樂觀（通常是業務經理的預測）。

- 敞開心胸向真正了解現況的人詢問重要資訊，例如基層人員（詳見「大師格言54」）。

自我檢視

- 我做決策時，通常是跟誰要資料？
- 我做決策時，還必須採納哪些其他的資訊來源？

彼得・杜拉克（Peter Drucker）

向權威説不

最好的決策者懂得什麼時候該說「不」。

彼得・杜拉克（1909 − 2005）是管理學之父，他堅信所有決策者最重要的能力是：

> 學會說不。
>
> 彼得・杜拉克

懂得說「不」是全球最強投資者巴菲特成功的要因，他在1998 − 99年拒絕投資科技股，並且於2006 − 07年放棄投資次級房貸。針對上述兩項決策，他的理由都是「我不了解這一塊」。他被譽為「奧馬哈先知」可不是浪得虛名。

學會說不

NO!

用大聲公說不

你該做什麼

• 身為主管和決策者，你的工作並不是取悅別人。你做任何事都要以組織的利益為優先。這代表你可能會讓員工、同事，甚至老闆和董事會失望。你的信念必須夠堅定才能說「不」，你要可以清楚解釋拒絕的原因，並且堅持到底。如果你的老闆或董事會駁回你的意見，那就是他們的決策而不是你的，他們就該為決策負責。

- 若你覺得自己不夠堅定，去上課。你需要一套為期一天或兩天的訓練課程，學習說「不」的基本技巧。你可以決定如何運用這些技巧。練習越多次，你就越有勇氣說「不」，而且越說越順口。
- 對許多缺乏自信以及認為自己應該取悅他人（詳見「大師格言14」）的菜鳥主管而言，說「不」是一件比登天還難的事。然而，當你開始說「不」的那一刻起，你才是一位真正的主管，並且會受到大家的認同。
- 如果你和同事在某個決策上有爭議，而你的論點都建立在自己的專業知識和經驗上，你的對手將會攻擊你缺乏格局。你必須擺脫專業知識的侷限，從組織的角度去看待問題，也就是說，你必須了解所有和決策相關的議題。不過，光是這樣還不夠。面對比你高階的主管，你必須願意為自己的意見據理力爭，往往你必須對他們說：「不。那樣做不對，因為……」

自我檢視

- 我上周拒絕幾次他人的請求？
- 我曾對主管或其他更高階的主管說「不」嗎？

結語

我從來不是英國前首相柴契爾夫人的粉絲，她最令我火大的原因之一，是不停地說：「別無選擇。」這句話著實令我不悅，因為我堅信無論是政治或管理方面，永遠都有選擇的餘地，我不相信任何說自己別無選擇的人。這就是我選擇瑪麗·帕克·傅麗特作為 TOP 10 格言的原因。

> 我們不應該讓自己被二擇一霸凌。你往往可以找到比眼前兩種方案更好的選擇。
>
> 瑪麗·帕克·傅麗特

給你帶走的一堂課

身為一個主管，若有人提供你二擇一的選項，永遠要記得你有權駁回兩者，並尋找其他的選項。當你在審核可行的方案時，一定要確保你正確地解讀資訊。千萬不要只靠手上的資料就下決定。反之，在決策前，應該先確認資料的真正意義（詳見「大師格言55」）。以上，就是我希望你在本章學會的兩堂課。兩堂又怎樣？今天是星期天，所以我大放送買一送一，況且，我是會計師，我就是要說 1 ＋ 1 ＝ 1。

第七章
改變管理方式

導論

改變是冒險的行為。當我們進入未知的世界，必然會有風險。馬基維利顯然知道，當領導者決定採取重大改革時，一定會產生風險，他說：

> **沒有任何事比引領革新更難掌控、更危險，或更沒把握可以成功。**
>
> 馬基維利

當然，你可以永遠不改變，但演化的結果已經告訴我們，這樣會導致滅絕。本章涵蓋了廣泛的內容。包含以下的格言：

- 57 主張成效最佳的改革是由下往上的改革。
- 58 和 59 警告我們過度改革的危險，以及需適當維持現狀以顧及員工的利益。
- 60 和 61 提出所有改革過程都會出現危險的要點。
- 62 和 63 是兩種不相容的概念。格言 62 建議你先下手為強，在被迫改革前先進行改變，格言 63 則建議你永遠都不要更動組織文化。

閱讀這章時，你很快就會發現，所有大師說的都是同一個目標：將改變所帶來的風險降到最低。這是很多專案經理在擬定計畫時，經常忽略的地方。

請注意：雖然我不認為每一項改革都是專案，但很多企業都以專案的方式執行許多重大改革。因此，我在本章中會相互使用「改革」和「專案」這兩個詞。

蓋瑞・哈默爾（Gary Hamel）

改革要從基層開始

基層員工是各種想法和資訊的重要來源。

　　蓋瑞・哈默爾（1954—）是美國學者、管理顧問，以及位於芝加哥的國際管理顧問公司「策士」的創辦人。他寫了諸多管理相關的議題，其中也包括變革式管理。與湯姆・彼得斯及其他管理學者一樣，他也很感嘆許多主管沒採用基層人員的知識和技能。

> 主張改變應該由上而下的傲慢心態，保證你看不到組織有任何改變。
>
> 蓋瑞・哈默

　　很多組織改革失敗的主因，就在於改變是由管理階級發起，他們召集小組負責規畫和實施改革，當高層準備落實改革時，他們以為員工會百分之百接受。這些高層認為自己一時興起的念頭、想法及指令都能暢行無阻。真的是太天真了。

你該做什麼

- 把員工當成具備專業工作知識的聰明人看待。他們對公司的了解比絕大多數主管透澈，而且一定也比任何企業或IT顧問的研究報告來得多（詳見「大師格言84」）。如果你計畫改革卻獨漏員工的專業知識，那你肯定是瘋了。
- 鼓勵員工思考如何提升公司的整體績效。不要侷限員工只能就自己的團隊或部門進行改善。若員工提出值得深入探討的意見，就邀請他和你一起具體規畫完整的構思。當你向高層報告時，也應該在報告中認同員工的表現，獎勵他們的付出（詳見「大師格言45」）。
- 運用走動式管理，了解員工對於改善組織有什麼想法（詳見「大師格言54」）。
- 若是由高層發起的改變，你應該讓受影響最大的部門派出員工代表，提出想

法。讓他們發揮專業知識，了解哪些改變具有可行性、潛在瓶頸，並預測員工和初階主管對此改變的反應。

• 訓練一批基層員工作為變革推動者和變革鬥士。變革推動者必須持續關注有哪些方式可以改善過程、程序及提升服務。變革鬥士則像是啦啦隊員，在改革前和改革過程中給員工鼓舞。推動者和鬥士往往是由同一人擔任，每天要與員工密切合作，和員工建立起少數主管才有的信任關係。這樣若有謠言出現，他們就能及時破除謠言，成為員工和管理階級間雙向溝通的管道，並及早發現問題且提醒管理階級任何潛在的可能問題。

自我檢視

■ 我對基層員工的信賴度有多少？我是忽略他們的意見，或是想盡辦法讓他們知道他們的意見不管用？抑或我願意看看他們的想法是否有發展性？

■ 我做好決定後，是否期望員工會毫不猶豫地接受？

邁克爾・哈默（Michael Hammer）和詹姆斯・錢皮（James Champy）
太大的改變會扼殺一個組織

檢測你自己和員工事實上能接受多少改變。

《企業再造：企業革命的宣言書》（2004）一書的作者邁克爾・哈默和詹姆斯・錢皮建議道：

> 一次做出太多改變的組織，會讓員工顯得茫然而不是朝氣蓬勃。
>
> 邁克爾・哈默和詹姆斯・錢皮

變革式管理正式出現於 1990 年代，並流傳至今。令人遺憾的是，很多組織實施變革並不是出於需要，而是主管想要表現出有在做事的樣子，或者讓自己的經歷看起來更厲害（詳見「大師格言 11」）。

你該做什麼

- 若組織需要變革，就別害怕改變。你對組織忠誠，而且你有義務基於組織的最佳利益考量是否變革。如果變革不受歡迎但又是必須的，就放手做吧。

- 就像醫師的職責是找出疾病、預測病程並且治好病人，僅此而已。若患者因前臂受傷去看醫生，醫生知道若不治療患者就會死亡。但醫生不會把整隻手臂截肢，他們會處理患部、預防感染擴大。然而，很多主管會在第一時間決定砍掉整隻手臂。他們連同好的和壞的政策／系統／流程全套丟掉，整組換新。這是很冒險的行為，會讓變革舉步維艱，且更容易激起員工的憤怒，因為他們被迫接受毫不必要、但天天必須面對的改變。

- 你要知道，每個人有不同的過往經驗，對改變有不同的容忍度。對有些員工來說，微幅的改變可能就像遭逢大變故，導致他們無法思考或有效率地工作。有些員工則會像腎上腺素狂噴，把改變視為一場奇幻冒險，他們一直期待更多的

改變。許多主管往往就是後面這種類型。

- 你必須說服那些害怕改變的人。唯一能達到這個目的的，就是持續溝通、讓員工安心。實施改變的過程中，你應該讓員工找得到你、看得到你，並且跟主管、組長以及你指派為變革推動者（詳見「大師格言57」）強調，「與害怕的人手牽手、心連心」的重要性。

- 若你即將實施一項重要的改革，請將改革畫分為多個階段。把每一個階段當成小專案。為每一階段的成功喝采，然後再繼續執行下一階段。這麼做會增加你的自信，也會讓害怕的人安心，並且將員工的變革疲乏降到最低。

- 你也可以考慮採納帕雷托法則（詳見「大師格言15、55」），挑選只要用20%的時間就能完成80%專案的事，讓變革產生最大效益。這是你可以得到支持的理想方式之一，員工會在短時間內看到顯著的成果。然後，在壓力消失後，你可以再用80%的時間來處理其餘20%的事。

自我檢視

■ 我是否喜歡改變？或者我會擔心改變？

■ 我是否了解員工對改變的感受？

彼得・杜拉克（Peter Drucker）

改革期間的連貫性

在改革時期保持連貫性，安撫員工。

彼得・杜拉克（1909－2005）是管理學中最具影響力的作家，他關心管理學所有的面向，也包括變革式管理。他以獨到的見解，發現組織的變革和人們對連貫性及一致性的需求相衝突，他表示：

> 組織的變革領導者會主動尋求變革。但人們需要連貫性……人們無法在不可測、不了解及未知的環境中，充分發揮其能力。
>
> 彼得・杜拉克

你該做什麼

- 組織的任何改變，都必須確保員工在動盪後，依然能保住飯碗跟未來。身為主管，你有責任讓員工放心。

- 盡量讓員工知道變革會對他們和他們的工作有什麼影響，以及公司會提供他們什麼訓練以適應新環境。

- 提供員工適當的訓練，讓他們可以在變革後正常工作。讓員工掌握自己的工作，有助於減低他們的壓力。這樣員工在過渡期會更願意聽從你和他人的指示，而且就不會被「我們死定了！」這句話煽動。

- 盡量在早期階段讓員工參與變革規畫。這樣員工會覺得自己至少有一點掌控權，並且他的意見也受到尊重。這有助你和員工之間建立信任關係，將來他們也會比較願意相信你的話。

- 定期且持續與員工溝通極為重要。鼓勵員工討論他們的恐懼和擔憂。利用所有機會把你的想法和擔保說清楚講明白，包括正式和非正式會議、email、電子報、聊天以及走動式管理（MBWA）（詳見「大師格言 54」）。利用巡視辦

公室的機會，了解員工對變革真正的想法和感受。充分回答員工的問題。若你無法回答他們的問題，就說你不知道，並且答應他們會在二十四小時內答覆。

- 絕對不要搬出行話或專業俗語來糊弄員工。用簡單的話和員工說清楚、講明白，而且一定要說到做到。
- 指派基層人員擔任變革推動者（詳見「大師格言57」）。變革推動者的主要責任之一，就是讓員工知道無論組織怎麼變革，他們還是能保住飯碗，並且就算同僚關係與主管關係會改變，他們也不會消失。

自我檢視

- 我是否樂意讓員工參與規畫和決策？
- 員工覺得我很平易近人或高冷？

丹尼爾・韋布斯特（Daniel Webster）

改變不會置你於死地，過渡期才會

做好準備，以面對變革過程必然帶來的熱忱下降和信念不堅的問題。

丹尼爾・韋布斯特（1782－1852）是美國1830至40年代的重要參議員和政治家。那是個充滿不確定和動盪不安的時代，這促使他發現：

> 改變不會置你於死地，過渡期才會。
>
> 丹尼爾・韋布斯特

韋布斯特陳述的是，當決心要做出變革後所帶來的危險。當大家不再回首過去、並且將改變後的環境視為新常態，變革才算成功。

你該做什麼

- 實施改革時，從執行到員工完全接受新制度的過渡期間，必定充滿荊棘，準備好面對所有的問題。
- 面對過渡期所帶來的問題，往往會令人沮喪。畢竟你接下改革的苦差事，其他人卻死命抵抗。別讓這種事擊垮你，這僅是必經過程。你不是唯一遇到問題的人。這是預料中的事，做好準備即可。
- 確保變革執行前，員工都已經接受所需訓練。
- 透過變革推動者和變革鬥士找出問題，讓他們處理這些問題，並且迅速將其他無法處理的問題陳報給你。
- 要常巡視辦公室，讓工作受到變革影響的員工可以常常看到你，這樣他們才有機會提出問題和發洩情緒。把所有你無法即刻處理的問題寫下來，承諾員工你會調查相關事項，並給他們答覆。最後，說到做到。
- 分析變革推動者、變革鬥士、主管、組長提供給你的回饋，以及你透過辦公室

巡視所觀察到的問題和趨勢。

- 你分析的問題將不出以下三類：

    ——管理階層和員工之間缺乏溝通。找出問題或瓶頸所在，妥善處理。在過渡期間，你和主管、組長及變革推動者／鬥士必須將員工溝通擺在第一。

    ——訓練不足、訓練與實務的落差讓員工忘了課程內容，以及實務中面臨的突發狀況，都是你必須處理的問題。安排後續訓練以解決問題。

    ——變革中未預料到的問題。這些問題可能大到像一場災難或小至一般瑣事。近年來，最大的一場企業災難就是可口可樂決定更換美國人最愛的飲料配方。所幸，可口可樂迅速察覺錯誤，力挽狂瀾調回原本的配方。你必須：迅速挽救改變帶來的大小問題。因此，在改革成功之前，不要隨意解散團隊。

自我檢視

- 我有無擬定計畫，因應改革過渡期必定會面臨的問題？
- 我要如何在危險的過渡期觀察員工的工作士氣？

馬基維利（Niccolò Machiavelli）
改革的敵人（TOP 10）

找出改革的破壞者。

馬基維利（1469－1527）是一位外交官、政治家、政治哲學家及作家，他至今仍深深影響研究權力和影響力的學者。他將改革者會面臨的問題總結如下：

> 既得利益者將成為改革者的敵人，而只有可以從新制度中得利的人才會捍衛改革。
>
> 馬基維利

要抵禦這些敵人的攻擊，就是先找出敵人是誰以及他們的潛在勢力。

你該做什麼

- 運用格里‧詹森、史高斯、李察‧惠廷頓的模型，辨識出反對變革的敵人，以及或許可以助你一臂之力的潛在盟友。

- 找出越多利害關係者越好，用上面的象限將他們定位。你最該重視的是權力程度高且對變革關切程度也高的這類族群。

- 一旦你辨識出最有影響力的潛在關鍵者，就盡可能讓他們認識你，並且贏得他們的信任。多和他們交談，試著了解他們對你和變革的想法。

- 如果可以，請他們承諾支持你和你的變革。如果他們不願意承諾，至少找出他們支持或反對你的理由。運用這些資訊擬定贏得他們支持的策略，或者降低他們的反對。

- 監控那些關切程度和權力程度低之利害關係人的行動和言論。但不用花太多時間和心思在他們身上。

- 遊說關切程度高和權力程度低的族群。他們可能是最了解變革的人，這些專家的力量（詳見「大師格言71」）或許可以幫助你說服更多有權力的利害關係人。

- 讓權力程度高和關切程度低的利害關係人保持開心、滿意及旁觀。不要做出任何會惹惱他們、使他們和你作對的事。找出他們的雷點，切勿踩雷。

- 很顯然地，你最需要花心思打理權力程度和關切程度皆高的利害關係人。如果你希望把事情做好，就得專心和這些人交涉。

- 如果你無法說服權力程度和關切程度皆高的人支持你，那就從你的隊友中找出對他們有影響力的人（詳見「大師格言72」），請他們去遊說這些利害關係人。雖然這種情況很少，但有時候這些利害關係人不是厭惡接受新訊息，只是單純看傳遞訊息的人不順眼。

自我檢視

- 我做決策時，有多重視利害關係人的關切程度？
- 我過去曾經與哪類利害關係人發生不愉快？我該怎麼修補彼此的關係？

賽斯‧高汀（Seth Godin）

你必須在被迫改變前先進行改革

該做改變時不要拖延。

賽斯‧高汀（1960－）是美國的企業家、作家及演說家，他認為推動重大改革的時機極為重要。永遠沒有實施重大變革的最佳時機，因為改革必然會伴隨瓦解、增加工作量、引發員工擔憂，並且可能導致暫時性的生產力下降。然而，太晚改革卻可能引發災難，因為：

> 變革幾乎不會因為太早進行而失敗。失敗的變革通常是因為為時已晚。
>
> 賽斯‧高汀

人們之所以願意改變，是因為維持現狀所帶來的痛苦大於改變。有證據指出，大多數人確實討厭改變，而傾向於保持現狀。令人遺憾的是，一家故步自封的企業，很快就會被競爭對手取代並走向沒落。

就像美國陸軍上將、參謀長辛賽基所說：「如果你不喜歡改變，那你就更不喜歡變得無足輕重。」

你該做什麼

- 每一次變革都是從決策開始。運用羅伯特‧湯森（詳見「大師格言49」）的建議，面對低成本、易修正的決策時，要快狠準。而如果你必須砸重金執行一項決策，那就得蒐集必要資訊，做出有效的決策（詳見「大師格言54」）。
- 別成為分析癱瘓的受害者，無止境地蒐集資料。請記住，你永遠不可能將資料蒐集到完美的程度，而且過了一個特定的點，就會產生收益遞減規律。
- 運用帕雷托法則（詳見「大師格言55」），蒐集80%真正有用的資料，而且花20%的時間／心思去蒐集就好，然後根據這些資料做出決策。其餘20%的資料

你可能根本用不到。

- 當你決定要實施一項變革，就加緊腳步進行下一個階段。召集基層員工擔任變革推動者／鬥士（詳見「大師格言57」），組成一支小型團隊並擬定變革計畫。
- 找出變革的目標、目的及里程碑，利用這些指標監測變革的進度。每周與團隊開會，每個月與專案贊助者開會。在每種會議上只需要討論兩個主題：一、目前目標進度，二、目前成本與預算控管。盡量不要額外加開會議，太多的會議會讓員工無法做正事。
- 不改變專案內容。只增添必要的內容。
- 擬定變革專案後，訓練員工適應新政策、程序或工作方法。這可以降低員工對變革的憂慮，並且讓專案實施得更順利。
- 實施變革，並確保所有專案成員都能處理員工的問題和憂慮。
- 評估變革的影響，判斷是否已經讓員工了解變革的原因。如果員工的問題沒有得到正面的回應，就將之視為緊急事件處理。

自我檢視

■ 我是否有建立早期警示系統，提醒我改變的時機到了？
■ 我個人是否抗拒改變？

彼得‧杜拉克（Peter Drucker）

應該避免改變組織文化

改變組織文化有多麼困難和危險。

彼得‧杜拉克（1909－2005）是極為傑出的管理思想家和作家。原因之一在於他提供了務實的管理方式，讓忙碌的經理人可以運用於自己的組織，任何類型的組織都適用。就組織文化方面，他認為：

> 企業文化就像國家文化。絕對不要企圖改變企業文化，而是反過來運用企業文化。
>
> 彼得‧杜拉克

很多管理學作家認為，領導者的責任是改變組織文化，而經理人則負責傳遞和維持組織文化。杜拉克警告我們，破壞組織文化你就等著自食惡果。

你該做什麼

- 我們經常能在記者會上看到企業指派新任總裁或主席改革組織文化。2008年金融風暴後，這樣的現象常見於銀行業。很遺憾的是，杜拉克認為這根本是不可能的任務，因為改變組織文化需要投注龐大的時間、金錢和心力，從整體的考量而言，應該極力避免。

- 很多新任總裁或主席不顧杜拉克的警告，換掉高階主管團隊並安插自己的人馬進入組織。他們宣稱這麼做可以為組織文化帶來新氣象，這樣的效果其實少之又少。組織文化呈現多面向，而且不易破壞或改變，因為它是由員工共享的基本假設、信念、期望、習慣及價值觀組成，這些都受到組織的故事、歷史、習俗、慣例、結構、目的及傳統的影響。

- 只有當組織迫切需要新文化的時候，你才有必要改變它。只換掉幾個高階主管

並不會對前面提到的文化要素有影響，而且短期內也不可能看到改變。如果你想要看到真正的變化，就要擬定長期計畫，不是一個月或一年的專案，而是好幾年的計畫。當你想要承擔這項任務時，請三思而後行，因為這會耗費你大半的時間。

- 與其冒險徹底改造組織文化，不如從小處開始著手。例如，聘請更多女性、少數族群以及身障人士擔任主管職，組織文化就會開始改變，並且激發出更多新想法和工作方式。

自我檢視

- 我認為組織文化的哪個面向需要改變？如果有，我可以做些什麼？
- 我是否適應公司的組織文化？如果不適應，我是否應該換工作？

結語

我對馬基維利情有獨鍾。他在失業時寫了《君王論》來應徵工作，每一位民選政治家都佯裝他們沒看過這本大師的著作，但你可以百分之百確定他們絕對看過。馬基維利之所以如此受歡迎，是因為他精準解說了人類的思想和行為。這也是我選他作為 TOP 10 格言的理由。他是一位如此聰慧的作家，用幾句話就能道出他的想法和諸多課題，以下是他對變革的看法：

> 既得利益者將成為改革者的敵人，而只有可以從新制度中得利的人才會捍衛改革。
>
> 馬基維利

給你帶走的一堂課

任何改革都伴隨著風險，你期望成功並全力以赴的同時，也必須做好準備面對反抗和阻礙。做好準備，成功的機率就會大幅增加。

第八章
計畫

導論

擬定計畫時，你必須預測未來，然而，除非你有那台布朗博士在車庫裡打造的迪羅倫時光機，否則沒有人能夠預測未來。所以邁爾康‧富比士說：

> 誰說生意人只和事實、不和想像打交道，那這個人絕對沒有看過長達五年的商業計畫。
>
> 邁爾康‧富比士

本章六句格言中的五句，是介紹計畫執行過程中面臨的各種不確定性，而第六句則是提供增加未來計畫效用的方法。因此，本章包含的格言如下：

- 64 認為擬訂計畫最大的好處，是在過程中能學到各種知識，而非計畫本身，計畫的預測和假設往往都失準。
- 65 至 67 提供增進計畫精準度和彌補不精準的方法。
- 68 強調組織必須明定戰略目標，並且拒絕任何會阻礙組織達成目標和搞亂員工工作順序的提議。
- 69 強調定期評估組織策略的重要性。

閱讀本章時，也記得找出你和你的組織所運用的計畫方式，有哪些優缺點。

德懷特・艾森豪（Dwight D. Eisenhower）

計畫很廢，但卻必要

計畫還是有必要的。

德懷特・艾森豪將軍（1890－1969）曾在二戰期間擔任盟軍最高統帥，並且擔任二任美國總統。作為侵入歐洲的最高負責人，他密切參與作戰計畫。除此之外，他說過：

> 準備作戰時，我發現計畫總是無用，但是做計畫卻是必要的。
>
> 德懷特・艾森豪

人們常說，戰爭中最先犧牲的是真理；如果這句話是真的，那麼艾森豪將軍則點醒了我們，第二個被犧牲的是計畫。在戰鬥或戰爭中，沒有一件事會照計畫走。因為戰鬥或戰爭的本質是混沌。然而，由於竭盡所能擬定作戰計畫，艾森豪將軍才能迅速對持續變化的況狀做出反應，因為他握有決策所需的資訊。

你該做什麼

- 記住，你不可能擬定完美的計畫。當你身處的環境越混亂和無常，你對未來的預測也就越不準確。就算是相對穩定的環境，一個突發事件也可能讓你的計畫失效或失準。
- 既然不可能百分之百準確，那就不要每一件事都堅持做到「精準」。草擬未來六至十二個月以內的事情就好。接著，執行可以隨著狀況變更的計畫。這可以為你省下不少時間，並且提升預測精準度。話雖如此，這也不保證這樣就能達到百分之百精準。
- 如果要因應「突發事件」的不準確性，就要進行情境規畫（詳見「大師格言67」）。組成一支小團隊，與他們共同找出會在計畫期間影響組織的因素。

- 根據事件發生的可能性和該事件發生後對組織可能造成的影響，分析並評估每一個情境。這麼做可產生下列四個風險象限：

  ——事件發生風險高／成本低

  ——事件發生風險高／成本高

  ——事件發生風險低／成本低

  ——事件發生風險低／成本高

- 為高風險／高成本和低風險／高成本的活動擬定偶發事件因應計畫。針對高風險／高成本的突發事件，適度研擬因應計畫，但等到這些事件發生的機率超過50%時，再擬定精細的計畫。為低風險／高成本的突發事件草擬計畫。

- 當你詳細擬定好計畫，一旦這些突發事件真的發生，你就可以有效處理，並且視狀況修改計畫。雖然這麼做不盡完美，但總好過在事情發生時只能求神問佛。

自我檢視

■ 我期望自己在組織的計畫過程中扮演什麼角色？

■ 我是否有為自己和員工草擬一年計畫？

安迪・葛洛夫（Andrew S. Grove）

一支更有彈性的團隊

召募並訓練一支有彈性且敏捷的團隊。

安迪・葛洛夫（1936－2016）是一位企業家、作家，以及英特爾公司的董事會主席。他發現很多事情，就短程和中程來說都沒什麼變化，因此他說：

> 你必須學習消防隊的計畫方法：消防隊無法預測下一場火災的地點，所以它必須組成精神抖擻且有效率的團隊，以迅速處理突發和一般事件。
>
> 安迪・葛洛夫

你該做什麼

- 所謂「好的預算」定義是：有標價的事業計畫。一個組織可以把來年想做的事，全部變成數字並呈現在預算中。除非你破產了，否則一個組織80％的收入和花費與去年應該差不多。例如，組織最大的花費無非是薪資。我們可以精準計算出這個數字。這就是葛洛夫所說的一般事件。

- 突發事件指的是突如其來的一筆大訂單、主要訂單取消、原物料成本大幅增加等。這些都是難以預料、但卻不是非常罕見的事件，因此你可以利用情境規畫研擬因應計畫（詳見「大師格言64」）。

- 黑天鵝事件（編按：指極不可能發生、但實際上還是發生了的事件）才是真正無法預料的例外，因為這些狀況史無前例，例如911恐怖攻擊。這類事件永遠預測不到。要因應這些狀況，你必須：

　　——召募懂得變通的人才，並且訓練員工能夠迅速處理突發事件。

　　——不要因突發事件而嚇到呆滯。立刻提出詢問，了解事件對你和組織的影響，不要等媒體替你分析，趕快動工。

　　——雖然我們無法預料黑天鵝事件的發生，但召集一群專家為大災難做好準備

還是值得的。這支團隊可以是組織的正式緊急事件處理小組，也可以是模擬重大突發狀況的特設臨時小組。由於他們已經模擬過潛在的災難，因此當事情真的發生時，比較不會像其他員工一樣被嚇傻了。

- 擬訂計畫時，記得為計畫留點彈性（詳見「大師格言64」）。計畫的目的是幫助你達成目標，而不是束縛你。若突發事件打亂了既定計畫，就重新評估該怎麼達成目標。敞開心胸繞道而行或走回頭路，但永遠記得最終的目標在哪，並朝它邁進。

自我檢視

- 我對於未來會發生什麼事有多大的想像空間？
- 我的適應力有多強？我是否能迅速因應環境的變化？

埃德蒙・伯克（Edmund Burke）

不要依據過去的經驗來規畫未來

變化是沒有連續性的。

　　埃德蒙・伯克（1729－97）是一位政治家、作家、演說家、政治理論學者及哲學家，他搬至倫敦後，擔任多年的國會議員。他身處動盪的時代，親眼見證美國革命和法國大革命破壞了幾百年來的穩定性，以及農業革命對英國社會結構的持續性影響，隨後而來又發生工業革命，也難怪他會說：

> **你不能用過去來規畫未來。**
>
> 埃德蒙・伯克

　　這句話或許相當淺白。但如果你是身處 1950 年代後期至 1960 年代的經理人，又特別樂觀的話，你很可能會渴求著手進行企業計畫。公司把這些經理人塞到高階主管的職位，負責研擬事業計畫。而這些企業計畫者做了什麼？他們擬定未來二十五年的計畫，相信未來仍然跟 1950 年代至 1960 年代初期一樣，穩定且變化緩和。

　　這些計畫在 1973 年爆發石油危機後，全部變成廢紙，企業計畫者的狂熱一夜之間蕩然無存。

你該做什麼

- 要接受未來不可測，而且也不可能從過去推斷未來。
- 研擬計畫時，必須能看到新的想法和趨勢，並且迅速動用資源抓住眼前的機會，或者將威脅降到最低。
- 與顧客、供應商及競爭對手溝通，以了解市場的「熱度」在哪裡。並且，與中階主管和基層員工合作，了解顧客的需求、當前市場趨勢，並預測變化。運用

上述資訊擬定短期計畫、預測未來市場趨勢，以及讓自己準備好能迅速處理狀況。

- 若預料外的偶發事件經常發生，你必須讓員工學會應對不斷變化的顧客需求和市場環境。要達到這個目的，員工必須用更靈活且有創意的方法，來處理時時刻刻都在改變的顧客需求和市場環境。你必須提供員工教育訓練，充實他們的軟實力。

- 不要只研擬一份計畫，擬定三份獨立的計畫，包括最可能發生的、最差的，以及最好的結果。

- 分析這些會對組織造成重大影響的好事和壞事，研擬因應機會和危機的計畫（詳見「大師格言64、65」）。

自我檢視

■ 我是否有為重大危機和機會準備好應急計畫？

■ 我是否有訓練員工處理突發和重要的變化？

詹姆士・約克（James Yorke）

備案的必要性

永遠要準備一份備案計畫，或者兩份！

詹姆士・約克（1941－）是馬里蘭大學數學系教授，2013年退休。他於1980年因混沌理論獲頒美國暨加拿大古根漢獎學金自然科學類。

混沌理論明明白白告訴我們，小事也能演變成重大危機。這就是為什麼約克說：

> 最成功的人是那些擁有B計畫的人。
>
> 詹姆士・約克

情境計畫有助於改善規畫過程，因為這個方式能找出關鍵變數對組織的短期和中期影響，並且讓你能夠研擬在事件發生時可以派上用場的因應策略。

你該做什麼

- 從外部招募一位經驗老到的引導者，協助你舉辦情境計畫工作坊。他們必須願意挑戰你和員工的固有想法。
- 與引導者合作，選出約六名（小組織則為三名）具有想像力和了解組織環境變遷的員工。團隊中至少有一人是技術專家。
- 向團隊簡介活動目標。明確說明你最想探討的變數，例如通貨膨脹率、脫歐以及返歐造成的影響！
- 不要想得太遠。就像我前面所說，任何超過三年的計畫，準確率就跟占星一樣。
- 獨立作業，請每一位團隊成員準備一份清單，列出他們認為這些變數包含哪些課題。讓成員把變數新增至清單內。給他們一周的時間思考清單，並且簡單陳

述他們的想法。

- 提前傳閱每個人的報告給所有團隊成員。在會議上花三十至六十分鐘討論每份報告。若你希望每個人都能說出內心的想法，包括粗略的想法，就不要在這個階段批評任何意見。透過以下風險成本分析，討論每個想法：

- 從這裡可以明顯看出，我們沒必要為低風險／低成本或高風險／低成本的情境擬訂計畫。把所有心力用在低風險／高成本和高風險／高成本的情境上。如果這類事件發生的機率超過30%，你就必須擬定因應策略。
- 單一策略可能可以適用於多個情境。你應該就這類策略擬定細節，因為這些可能是最實用的策略。
- 為每種情境模擬最好和最壞，以及不好不壞的狀況。
- 將你的情境計畫上呈給管理階級或董事會，爭取他們的同意。若你未來必須執行一項或多項策略，這會替你節省不少時間。

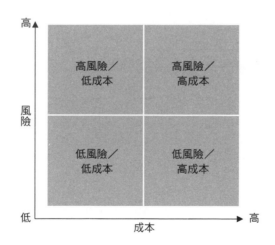

自我檢視

- 在組織中，我希望誰能成為情境計畫團隊的成員，並放手讓他處理一切？
- 在組織中，我可以指派誰擔任引導者？或者我必須從外部招攬適當人才？

麥可 · 波特（Michael E. Porter）
如何擬定策略

訂定清晰明確的目標。

　　身為經濟學家、研究員、作家及講師，麥可 · 波特（1947-）在哈佛商學院任職期間就已經建立起良好名聲。他最有名的理論應該是五力分析模型，這個理論為組織分析和策略發展提供了良好的架構。波特表示：

> **一項策略需要的是正確的目標。**
> **（以及）**
> **策略的本質就是選擇不做哪些事。**
>
> 麥可 · 波特

　　上面這句話包含了兩種獨立卻相關的訊息。

你該做什麼

- 大部分經理人認為，組織的整體目標已經相當明確，根本不值得討論任何細節。這樣的想法完全不正確。組織會改變，有時迅雷不及掩耳，有時慢如龜速。但組織處於變化中。因此，所有組織應該每年一次或兩次重新檢視主要目標。

- 如果組織想要達成最終目標，就得設定幾個較低階的目標和里程碑。令人遺憾的是，有些經理人沒有將組織的最終目標分解成數個對員工有意義的小目標。缺乏明確性會導致員工不理解自己的工作與組織整體目標之間的關聯（詳見「大師格言44」）。這會導致員工搞不清楚狀況以及無法最佳化工作。若想達成組織目標，就得明確定義，並且清楚傳遞給所有員工，而主管必須幫部屬將組織目標分解成數個小目標。

- 利用SMART原則來定義你和員工的目標，例如，目標必須：
  —— 明確性（Specific）
  —— 可衡量（Measurable）
  —— 可達成（Achievable）
  —— 符合實際（Realistic）
  —— 時限性（Timely）
- 設定小目標或里程碑，最常見的問題就是主管控制欲太強，什麼小事都要管。學會拒絕。運用傑克·威爾許（詳見「大師格言30」）的建議，專注在少數主要目標和里程碑上。目標少專注力就會集中，這麼一來就能提高達成目標的機率。
- 學會拒絕，只讓有助於達成組織目標的核心計畫獲得批准。然而，嚴格控管的同時，也必須因應狀況變化和突發事件（詳見「大師格言65」）採納新的想法，並重新評估目標方向。

自我檢視

- 我和我的員工是否知道組織目標，並且了解自己與目標之間的連結？
- 我為自己和員工設定的小目標，精確度和明確性有多少？

溫斯頓・邱吉爾（Winston Churchill）
評估策略的必要性（TOP 10）

檢討報告是有價值的。

　　溫斯頓・邱吉爾（1874－1965）最近被選為最偉大的英國人。他是一位政治家、作家、演說家及諾貝爾文學獎桂冠。他也創造了多句流傳千古的至理名言。下面這一句雖然不是他最出眾的一句，但確實點出所有組織都必須在事後檢討決策以及是否成功，並且從成敗中學習。

> 儘管決策再好，你還是應該看看它的結果。
>
> 溫斯頓・邱吉爾

你該做什麼

- 多年前，我在準備會計師考試的時候，當時最熱門的議題之一，就是英國企業都忘了在事後檢討決策。四十多年後，這種情形依舊沒有太大的改善。很少企業會針對決策或策略進行檢討，大家都說自己沒空檢討這些。但我認為這是出於自衛的本能，他們不想為爛決策承擔責任。這真是件令人遺憾的事，因為沒有檢討成功與失敗，等於錯失了很好的學習機會。永遠記得要檢討決策和策略，就算結果「只有某些特定人士能看到」。

- 檢討成功的決策或策略時，要思考下列事項：
  ——成功有多大的程度來自於非預期的外部因素？
  ——少了這些外部因素，決策會不會失敗？
  ——為什麼我沒有在決策／策略過程中看到這些外部因素？
  ——我之前有否最大化這些外部因素的效益？或者我太慢做出反應？
  ——我該怎麼改善資料蒐集的方式，讓未來錯失類似資料的機率降到最小？
  ——我從這項成功的決策／策略中學到什麼方法、想法及知識（典範實務），

以及如何應用在未來的工作上並與同事分享？

- 檢討失敗的決策和策略時：

——失敗有多少程度是因為預料外的事件？

——我是否應該要預期到這些突發事件的發生？如果是，那為什麼我沒發現？
是資料蒐集的程序有問題？還是自尊心作祟？

——我是否充分評估過決策和策略風險，並且擬定突發事件的因應策略（詳見
「大師格言67」）。

——我從失敗中學到什麼？有什麼經驗可以和同事分享？

- 檢討不必然是正式或冗長的。然而，你必須在學習日誌中記下主要結果。這麼
做有助於提升你未來的表現，並且增添有價值的潛在知識。

自我檢視

■ 組織是否有事後檢討的政策？如果沒有，為什麼？

■ 我是否有掩蓋過失或從錯誤中學習？

結語

大家都說人們會記取教訓。其實我不是很確定，至少我不確定每個人都會。願意從失敗中學習的人，會不厭其煩地檢討失敗，並且思考怎麼做才能避免重蹈覆轍。這是一堂寶貴的課，也是我選擇邱吉爾成為 TOP 10 格言的原因。

> 儘管決策再好，你還是應該看看它的結果。
>
> 溫斯頓・邱吉爾

從失敗中學習固然很好，但我們也要從成功中學習。高爾夫球是一種很玄的運動，永遠沒人知道其中的祕密。或許這就是為什麼很多傑出選手會在打出好球後，立刻仔細檢查所有的動作。他們企圖讓肌肉記憶住第九洞完美的輕擊短切動作，或者第十八洞的推桿動作，期待下次可以再次擊出好球。你也應該如法炮製。分析成功的決策和行動，下次遇到類似狀況時，就能運用相關的知識。

給你帶走的一堂課

計畫本來就不準確。因此，不要耗費太多時間和資源在99%的精準度上。這根本就是天方夜譚。設定一個合理的準確度，擬定碰到預期性問題的應變計畫，以及讓員工具備專業、靈活且敏捷的頭腦，以處理突發事件。

第九章
權力和影響力

導論

　　以前在社交場合上跟他人聊到性、政治及宗教，都是不禮貌的行為。如今，在講究禮儀的社會，權力似乎取代性成為禁忌的話題。在講求平等的時代，沒有人想要談論權力，更不會承認自己對別人有支配權。然而，政治和管理權力仍然存在。所有雇主都有權力解僱員工，而數據顯示，大部分失業的人很快就會陷入嚴重的經濟困難。這表示經理人對員工有重大的權力和影響力。

　　本章包含下列格言：

- 70至72討論的是經理人對員工擁有的三種支配權，即權威、權力及影響力。
- 73教你在面對權力比你大的人的攻擊時，該如何存活下來。
- 74認為，每個經理人若想要得到極其重要的事物時，都應該要勇敢抵抗權威以及（或）希望維持現狀的人。
- 75告訴我們失去權力有多快。

　　最後，閱讀本章時，你可能會想思考如何運用自己的權力。你想向大家宣示自己的權力，又或者你可以將查爾斯王子對權力的詮釋謹記在心：

> 越少人知道這是怎一回事，就越容易行使權力和權威。
>
> 查爾斯王子

　　假如你真的達成了目標，你真的希望像小布希一樣告訴別人：「我是『決定者（decider）』」然後因你的特殊頭銜而飽受批評嗎？

　　你也要記住，你越張揚自己的權力，你的可信度就越低。就像柴契爾夫人說的：

> 權力就像一位淑女……如果妳得告訴眾人自己是一位淑女，那麼妳就不是淑女了。
>
> 柴契爾夫人

馬克斯・韋伯（Max Weber）

權威

找出你可以應用的各種經理人權威。

馬克斯・韋伯（1864－1920）是一位對社會理論和社會研究有重大影響力的德國社會學者、哲學家及政治經濟學家。他認為權威有三種類型：

> （魅力權威）屬於個人獨特的恩典；（韋伯認為魅力型與其他種權威不同），人們之所以順從魅力型領導，並非出自於其美德或地位，而是信念。
>
> （傳統權威）是從過往傳承而來。
>
> （法定權威）則是理性規範下的產物。
>
> 馬克斯・韋伯

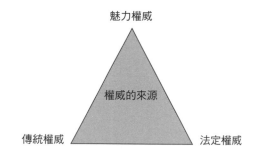

你該做什麼

- 在這三種類型的權威中，檢視你的權威成分：

 ——不要認為自己缺乏魅力權威。你不一定要談笑風生才擁有魅力。人們會敬仰正直且關心員工的領導者（詳見「大師格言36」）。

 ——傳統權威來自親屬關係或「歸屬於特定團體」。在一個家族企業或由特定團體經營的企業，你幾乎不可能冒出頭，除非你與該家族的成員結婚或者

加入該特定團體。

——你的法定權威來自你的職位，例如團隊領導／經理／董事。

——你要知道，大部分經理人幾乎沒有傳統權威。所有經理人多少都有一些魅力，例如展現管理長才的傑出能力。所有經理人都因資歷而具有某種程度的法定理性權力。

- 努力提升自己的魅力權威（詳見「大師格言71」）。

- 思考你是否真的想要待在一個由傳統權威、是否投對胎以及特定「團體」掌控命運的組織。

- 找出你的法定權威上限，然後把權力用到極致。很少經理人會被認為做法超過權限。員工偏好由「有權力的領導者」帶領自己。資深經理人巴不得經理人可以掌控全局並達成目標。但請注意：如果事情出錯，你就得為自己的越權負責。

- 有權力不用，就等著失去它。有些經理人不習慣指揮別人，這真是鬼扯。你身為主管最主要的職責就是指揮部屬做事。如果你辦不到，部屬就會把你當空氣。

自我檢視

■ 我是否不習慣指揮別人做事？如果是，為什麼我會不習慣，那我該如何改善？

■ 我擁有哪些魅力權威（誠實、正直、忠誠、善於交際、幽默、關心員工），我該如何提升自己的魅力權威？

法蘭西（John French Jr）和雷文（Bertram Raven）

五種社會權力來源

你擁有的權力來源和權力大小。

法蘭西和雷文在1960年寫了一篇有關社會權力來源的文章，這篇文章深具影響力。下面這句話道出了他們最重要的發現，當你擁有不同類型的權力，就會產生相乘效果，讓你的權力大幅擴張：

我們應該了解各種權力的相互關係，以及某種特定權力對你的權力之影響。

法蘭西和雷文

法蘭西和雷文提出的五種權力來源分別為：

- **魅力權** 換句話說就是人格特質權。領導者的個性吸引追隨者，追隨者認同且想要模仿領導者的行為。
- **法職權** 或職位權力。這種權力源自於組織職位，而當一個人退位後，權力也會隨之消逝。
- **專家權** 來自一個人獨有的專業知識和技能。當組織不再需要這些技能，這個

人就會失去權力。

- **強制權**　當員工無法達到領導者期待時，能用懲罰威嚇員工和執行罰則的權力，例如解僱員工。
- **獎賞權**　與強制權相反，是酬賞員工的權力，例如為員工升遷。

你該做什麼

- 累積越多權力越好，因為如果你擁有二種或更多權力，就會產生相乘效果，2＋2＝5。史達林透過職位、政黨知識、官僚體制及強制權得到且鞏固他的權力。
- 唉，很少人像湯姆‧希德斯頓或愛黛兒那樣魅力無窮。然而，情人眼裡出西施。因此，想一想你要如何在員工、同事及其他人面前表現自己（詳見「大師格言13」）。如果你表現出自信、誠實、公平、正直及幽默的一面，人們就會尊敬你，而這就是獲得魅力的第一步。
- 了解你的法定或職位權力上限。表現出別人希望看到的領導者的樣子，避免看起來畏畏縮縮。只有當你越權的時候，才會有人出面提醒你職權上限。所以盡量用你的權力，直到有人喊停為止。
- 找出你擁有的專家權。如果你有某項專業證照，例如會計證照、律師執照、工程師證照等，想辦法把這些技能和組織所需的結合。
- 了解你的強制權力上限。不要用強制權來霸凌或威脅別人。反過來，你應該展現出願意在必要時提供訓練或者開除員工。只要做過一次，你就會發現，私底下聊聊就能讓你搞定大部分的人。
- 找出你可以獎賞別人的東西。不一定是金錢上的獎賞。員工通常更重視自己的意見有無受到重視，或對你有沒有影響力。

自我檢視

- 我目前擁有哪種權力？我是否有運用到所有權力？
- 我還可以獲得哪些權力？

羅賓‧夏馬（Robin Sharma）

權力的影響力

控制員工的基本方式。

羅賓‧夏馬（1965－）是一位作家以及夏馬領導力顧問公司的創辦人。他以下這句話告訴我們，硬權力與軟影響力的差異：

> 領導能力是……影響、感化及啟發。影響包括交出成績，感化是將你對工作的熱情感染給員工，並且你對團隊成員和顧客必須有所啟發。
>
> 羅賓‧夏馬

權力可以讓人們照你的要求行動。但權力也會催生恐懼的文化，並且導致工作氣氛不佳。另外，感化是指說服別人遵從你的要求。這樣或許比較耗時，但可以讓主管和員工相處融洽。

你該做什麼

- 只有在影響力起不了作用時，才訴諸權力。遇到重大緊急事件時，則直接使用權力。
- 和所有員工建立良好關係，有助於你感化他們。關心員工的工作、職涯規畫、教育訓練、家庭及興趣。但是，最重要的是找出什麼事物可以激勵員工，並運用它。
- 找出與員工之間的共同利益或共同的成長背景，例如，你們上過同一間學校或大學？你們有沒有共同興趣，例如足球？你們是否有受過類似的訓練？
- 讓員工相信你與他們同在。人們對於有共同價值觀和信念的人較親切。如果你表現出才智過人的姿態，員工會懷疑你真的了解他們嗎？
- 讓別人能放鬆且舒服地與你相處。透過積極聆聽，展現出你對他們的關心，例

如，向他們提問或確認他們說的話，這麼做比單向溝通更能感化員工。

- 讓會受到影響的員工參與決策過程（詳見「大師格言51、54」），但不用太深入。這樣會讓員工安心，並且感覺受到尊重和重視，他們就會更支持你的決策。

- 運用互惠原則，例如，告訴員工：「如果你今天加班一小時，周五就能提早下班。」

- 展現你的專業知識，但切記不要賣弄。這樣別人會對你印象深刻且更願意聽取你的專業意見。

- 了解員工的看法和觀點，適當讚賞他們的想法和分析。

- 與員工溝通時，最好達成雙贏局面，而不是爭個你死我活。施點小惠獲得別人的合作並非不道德的事（詳見「大師格言71」）。切記不要讓員工得寸進尺。

自我檢視

- 在員工中，誰是我應該感召的非正式領袖？
- 如果我得到非正式領袖的支持，是否等於得到所有員工的支持？還是我仍得親自下海與員工搏感情？

馬基維利（Niccolò Machiavelli）

生存

在不斷變化的組織政治中存活下來。

馬基維利（1469－1527）是一位活在危險時代的政治家、外交官及作家，他被很多人稱頌為現代政治科學的創始者。他最知名的著作《君王論》其實是教導領導者如何生存：

> 獅子無法躲開陷阱，狐狸無力對抗狼群。做為君王，必須兼備狐狸與獅子的特性，才能同時躲開陷阱又能抵禦狼群。
>
> 馬基維利

你可以選擇是否採納馬基維利的建議作為攻擊之用。但接下來我要告訴你的是，如何在大部分時間扮演狐狸，偶爾當一隻獅子，然後生存到最後。

你該做什麼

- 不要欺騙自己或讓別人諂媚巴結你。你必須認清事實並且採取適當行動。只有這樣你才能有效處理當下的威脅／陷阱，並計畫未來。
- 永遠不要停止思考和工作。有時間就想想你個人和組織的優勢、缺點、機會和威脅，並計畫因應方式。
- 絕對不要相信朋友；相信你的宿敵還比較安全。若你沒有恰當地感謝朋友協助你得到權力／職位，往往他們會心生怨恨。然而，如果你和宿敵言歸於好，並待他們如友，他們就會心生感激並持續對你忠誠。
- 如果你幫助他人獲得權力，小心一點。很多領導者會想方設法消滅曾經幫過他們的人。為什麼？因為這些人一旦開始不滿領導者的地位，並認為自己才配當領導者時，就會形成威脅。

- 如果你的老闆是為達目的不擇手段的人,當你對他沒有任何用處時,他就會毫不猶豫叫你走人。因此,掌握老闆的需求並滿足他,而且不要讓他懷疑你的忠誠度。
- 如果你加入新組織,樹立你的權力,剷除舊朝代餘孽,消滅所有威脅。如果你是舊朝代的人,向新領導者展現你的忠誠度,讓他們需要你。
- 在威脅壯大之前,消滅所有動搖你地位的人事物。很多資深經理人會以一年聘約的方式換掉整個管理團隊,以建立自己在組織裡和員工心目中的權威地位。

自我檢視

- 我處理人事問題和各種事件時,態度有多馬基維利?
- 我對別人的權力遊戲了解夠多嗎?我該怎麼保護自己?

愛因斯坦（Albert Einstein）

反抗權威

必須在必要時刻突破現狀。

愛因斯坦（1879－1955）或許是二十世紀最知名的科學家。身為一位科學家，他認為只有改變當下既得利益者把持的正統性，科學才會進步。因為如此，他認為：

> **盲目尊崇權威是真相最大的敵人。**
>
> 愛因斯坦

挑戰現況並嘗試新做法，才能催生偉大的經理人。我舉過一個改革的例子，其中最大的爭議就是改變現況。

你該做什麼

- 如果你問一個人：「為什麼這樣做事？」而對方回答：「因為一直以來我們都是這樣做的。」那我賭五十英鎊，這是改變的成熟時機了。同時你也要好好檢討說這句話的人！
- 不要為了改變而改變，也不要為了自己的履歷看起來更漂亮而改變（詳見「大師格言61」）。有必要再變革。
- 不要因為有權者或員工阻擋就放棄變革。阻擋改變往往讓他們從中得利，叫囂得越大聲，代表你推動的變革對他們的威脅越大。
- 找出支持和反對變革的力量，評估哪些有權者會支持你，哪些會反對你（詳見「大師格言61」）。
- 記住，如果某個人具備了多種權力，就會產生相乘效果，他們可能就是你可怕的對手或強大的盟友（詳見「大師格言71」）。

- 用勒溫的力場分析法找出支持和反對的力量。

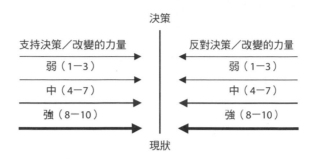

- 首先，拿出一張紙，在中間畫一條線。右邊列出反對的力量並且為每一種反對力量打分數。左邊寫下支持變革的力量和分數。
- 你的規畫出來之後，想一想怎麼樣才能削弱／破壞反對變革的力量。就列表的左邊來說，找出能強化或拉攏支持的方法，這就是掌握組織權力所在的寶貴之處。如果你可以說服／感化關鍵人物加入你的陣營，那他們也可能為你號召其他的支持者。
- 不要大肆宣揚你的想法或提議，除非你確定：一、已經掌握它所有潛在的弱點，而且當別人問起時知道該怎麼解釋，二、你與反對者之間保持權力平衡。如果有必要的話，等得到夠多的支持後，再公布你的想法或提議。

自我檢視

- 我知道組織中權力掌握在哪些人手中嗎？
- 我是否有努力遊說經理人和同事，並和他們打交道以獲得支持？

羅莎貝・摩絲・肯特（Rosabeth Moss Kanter）和索福克勒斯（Sophocles）

失去權力的過程（TOP 10）

不要因為自己的所作所為，而輕易失去權力。

羅莎貝・摩絲・肯特（1943－）是哈佛商學院的教授，變革管理或許是她最受矚目的成就。變革就是改變現有狀況，而你需要權力才能達到這個目的。因此她說：

> 權力，即搞定事情的能力。
>
> 羅莎貝・摩絲・肯特

偉大的古希臘劇作家索福克勒斯提出一個和上述說法相似的觀點，他說領導者：

> 你強制不了的，就別下命令。
>
> 索福克勒斯

下面的內容，你就會看到這兩句話的關聯。

你該做什麼

- 當你行使權力時，卻發現別人根本不鳥你，你就會失去權力。缺少了讓人聽令行事的能力，就像政變一樣迅雷不及掩耳地摧毀你的權力。你必須竭盡所能避免這樣的狀況發生，所以，務必只打穩贏的仗。

- 如果權力是搞定所有人事物的條件，那麼，拒絕行使權力或許就是讓你第二快丟失權力的方式。身為一位經理人，你擁有某些權力（詳見「大師格言70－72」），但如果你從不使用權力，權力就會失去光彩並鈍化。你必須常常使用

它，才能維持權力的鋒芒。

- 從你接下某個職位的那一刻起，你就必須展示你的權力。員工會觀察你的一舉一動。他們會迅速評斷你，即使他們的評斷是錯的；他們也會在你說錯話時，立刻出征你。所以你一上任，要宣示你的新職位，就可以避免這樣的情況。你可以根據自己所具備的權力（詳見「大師格言71」）和地位，決定要做什麼。不過，不要什麼事都大張旗鼓宣揚，或一天到晚掛在嘴邊。你表現得越不費力，對其他人的影響力就會越大。

- 很多人會覺得指揮別人做事很尷尬。他們沒有這樣的教育和社會文化。別鬧了！管理可沒這麼容易，權力是你手上最強的武器。它不是你的第一選擇，但如果其他方法都失敗的話，你就必須借助權力讓別人聽話。你越常用就越習慣。

- 員工若不聽指揮，不要第一時間就借助強制權。太早訴諸強制權會使你失去員工和同事的信任。將強制權當作極端選擇和最後手段，若其他方法失效，你就要記得把強制權拿出來用。

- 如果只有一個人反對你，關起門來和他溝通。如果是由一個人領導的團體反對你，你就在這個團體的面前和他們的領導者當面溝通。這個方法狡猾但絕對有效。

自我檢視

- 我對於下指令和要求順從有障礙嗎？
- 有沒有特定人士或團體和我作對？我該怎麼與他們談和？

結語

我將格言75選入 TOP 10，因為這兩句話合在一起後，就是在警告經理人他的權力多麼輕易就會失去。

> **權力，即搞定事情的能力。**
>
> 羅莎貝・摩絲・肯特

然而，經理人若荒廢不行使權力，最後就會導致員工根本不甩他們的指令。索福克勒斯提醒經理人：

> **你強制不了的，就別下命令。**
>
> 索福克勒斯

無力執行指示或命令的經理人，會完全失去員工和同事的信賴。所以，如果你不確定百分之百能夠執行命令或指示，就不要下達命令。

柴契爾夫人或許是過去七十年來最有權勢的英國首相，但她忘了這項原則，她推行人頭稅（Poll Tax）鑄成大錯後，便一蹶不振。

給你帶走的一堂課

身為一位經理人，你必須知道自己有哪些權威、權力及影響力，以及你可以行使這些力量的上限。掌握上述資訊後，你得保護、鞏固並且擴大權力基礎。在必要時無法發揮權力，你就會永遠失去它。

第十章
讓顧客變成你的事業夥伴

導論

麥可‧戴爾說的以下這句話，顯示出他認同並強調彼得‧杜拉克的想法，也就是一家公司的主要目的是創造顧客（詳見「大師格言1」）：

> **顧客是公司的未來，代表新的機會、想法及成長原動力**
>
> 麥可‧戴爾

如果你忽略了這條基本的商業法則，你和你的組織就會吃大虧。本章的七則格言都在告訴我們如何經營、維持並保護顧客關係。七則格言如下：

- 76是有關認清現實，強調你必須依靠顧客才能存活，你必須認清這一點。
- 77建議在所有的連繫中，都必須把焦點放在顧客身上，而不是你。
- 78提醒你，對服務和商品不滿意的顧客有多麼珍貴，他們可以幫助你改進。
- 79至81各自以不同的方式告訴我們，應該經營良好的顧客關係。
- 82教你如何運用標竿學習提供顧客更好的服務。

當你閱讀本章時，試著站在顧客的立場思考。你是否滿意你的組織所提供的商品、服務及處理方式？或是，你會覺得自己的公司把顧客都當作搖錢樹，而且覺得來客訴的都是奧客？

克雷頓‧克里斯汀生（Clayton M. Christensen）

顧客如何控制你的組織

你和員工都要記得，滿意的顧客是公司最大的資產。

克雷頓‧克里斯汀生（1952－）是位美國學者、教育家、作家及企業顧問。他關切眾多管理議題，而他說的這句話點出顧客對企業的重要：

> 控制一家企業什麼能做、什麼不能做的，其實是顧客。
>
> 克雷頓‧克里斯汀生

在本章說明如何經營顧客關係之初，值得一提的是，你提供顧客優質的服務，並不代表你幫了顧客大忙。在你們的關係中，握有主導權的其實是顧客。

你該做什麼

- 大規模的組織往往面臨一種危機，那就是很多員工離顧客太遠。若所有公司都採納羅伯特‧湯森的意見，讓每位員工到前線工作面對顧客，第一次為期兩周，接下來則每三至四年一次，將可看到良好的成效。
- 確保組織做的每一件事都把顧客放在第一位。有些人看到這裡可能會說：「我又不用面對顧客，我是IT和研發人員。」不，你是有顧客的。在公司裡接受你報告或服務的人都是你的顧客，你必須將他們擺在第一位。如果你的服務品質奇差，消息很快就會傳出去，你就會面臨改進或離職的壓力。
- 包括資深人員在內，訓練所有員工熟悉組織的客服政策和流程。如果資深員工和中階、基層員工接受一樣的訓練課程，大家就能了解顧客的重要性，這比任何高層的email或公告更有效。
- 確保所有員工遇到客訴時都能妥善應對，而不是只會「轉接電話」給客服中心，撇得一乾二淨。

- 在教育訓練中，說明清楚顧客的決定如何掌控公司的行動。員工常常忘了一個顯而易見的事實，就是，他們的薪資和公司添購的新機器、系統研究，都是顧客買單的。
- 不可讓員工蔑視顧客。沒錯，很多有趣的事可以、也應該分享，但不應該允許員工詆毀顧客。這代表員工輕視顧客，一旦大家都這麼做，就會變成一種組織文化和可接受的行為，那時候更難杜絕這種根深柢固的態度。
- 挑出本章中你覺得有用的格言，將它們融入你的客服程序中。

自我檢視

- 我有多重視顧客關懷？
- 我是否覺得顧客關懷很無聊，而且一旦有人提及就會刻意忽視，覺得顧客關懷和自己無關？

戴爾・卡內基（Dale Carnegie）

你輕如鴻毛（TOP 10）

和顧客保持良好的溝通非常重要。

　　戴爾・卡內基（1888－1955）是世紀暢銷管理書籍《卡內基溝通與人際關係：如何贏取友誼與影響他人》的作者。這本書被譽為業務聖經。但這本書可不只談到業務經營，它同時也是一家好公司的經營根本，就是建立與維持顧客關係。

> 花二個月的時間專注在他人身上，會比花二年的時間讓人家來專注你，更容易談成更多的生意。
>
> 戴爾・卡內基

　　人人都喜歡話題圍繞在自己身上，談自己的快樂和煩惱。難怪我們喜歡懂得聆聽的人，對吧？

你該做什麼

* 你有兩個耳朵和一個嘴巴。因此請花兩倍的時間聆聽，而不是講個不停。這有助於改善你與顧客的關係，並且提升業績。

* 讓顧客決定話題。鼓勵他們談論自己的工作、你的產品，以及其他供應商的產品。如果你夠幸運，顧客會告訴你他們希望你能做出什麼產品。這將會幫助你掌握顧客的真正需求、改善既有產品和研發新產品。

* 請記住，如果都是你在講，你便永遠都學不到東西。所有新知識都是靠聆聽學習來的。因此請學會積極聆聽，不要光坐著只等別人說完換你說。仔細聆聽，並且就別人的話提出問題，請別人說得更多更深入。這麼一來，他們就能感受到你對他們的話題有興趣。

- 與顧客保持聯繫。就算你沒有推銷產品，也要定期與顧客溝通。顧客提到的問題或許你剛好幫得上忙，就是這樣。心懷感激的顧客一定會跟你買東西。透過email、電話、專刊、私人訪問及社交活動經營顧客關係。
- 獲得顧客信賴。永遠信守承諾，就算會虧錢，也不要違約或背信。提供顧客最好的價格，別敲他們竹槓。
- 與顧客坦誠相待。遇到問題時，就盡快把你知道的狀況通知顧客。如果你沒辦法回答問題，也不要胡說八道。坦白說你不知道，但會盡快回覆。
- 聽到顧客抱怨時，不要採取防衛態度。將客訴當成重建關係的機會，釐清顧客的問題，並提供滿意的解決方式。
- 提供各種優惠以建立顧客忠誠度，包括折扣、更優的付款條件以及特別優惠。
- 為每位顧客建檔，並掌握他們的最新動態。

自我檢視

- 我與顧客溝通／拜訪顧客的頻率多嗎？
- 我是否永遠都提供最好的價格給顧客，或者我把最好的留給新顧客？

比爾·蓋茲（Bill Gates）

從奧客身上學到東西

不滿意的顧客是最好的資訊來源。

比爾·蓋茲（1955－）是微軟的共同創辦人、企業家及慈善家，他相信：

> 最不滿意的顧客是你最棒的學習資源。
>
> 比爾·蓋茲

沒人喜歡被批評，但如果你可以把自尊心放到一邊，靜靜聽別人怎麼說，不要激動辯解，就能學到很多。

你該做什麼

- 就像「大師格言77」所說，既然你有兩個耳朵一張嘴巴，就應該按比例使用這兩個器官，尤其是面對不滿意的顧客時。

- 即使公司內部有專業的客服團隊，也要教育所有員工如何處理客訴。你永遠不知道客戶會在何時何地抱怨。

- 確保顧客可以隨時與一個有血有肉的人交談，而不是只能聽語音訊息或等到天荒地老。

- 如果公司有客服中心，確保你和所有員工接受足夠的訓練。別讓員工隨便翻翻手冊就當作通過訓練。

- 如果可以的話，將客服中心設在公司所在的國家。人們不喜歡與世界另一端的客服人員溝通，而且他們也不想透露太多敏感資訊。以英國First Direct銀行為標準，學習他們的服務（詳見「大師格言82」）。

- 一定要察覺顧客的不滿並道歉。別辯解。顧客的批評不是針對你個人。

- 最重要的是，一、滿腔怒火的顧客只想發洩他們的不滿，二、並且解決他們的

問題。除非你確定他們的問題是什麼,否則無法解決問題。所以,仔細聽顧客說什麼,等他們抱怨完之後,再跟顧客確認問題在哪裡,例如跟顧客確認:「所以您的問題是○○○」。

- 向顧客提問,並且釐清所有不明確的事情。除非你們的對話有錄音,否則你應該邊說邊做筆記。

- 詢問顧客希望你做什麼來解決他們的問題。其實,很多顧客只想要一個道歉、換貨以及補償損失。就安撫顧客和維持顧客的忠誠度來說,這樣的代價已經很小了。

- 如果你無法立即解決問題,就告訴顧客你接下來要怎麼做、什麼時候能給答覆,然後說到做到。

- 如果你已經做到上述事項,你就會對客訴有詳細的了解和正確的紀錄。記錄下這些資訊並且每周或每月分析。找出以下訊息:

　　──如果你發現某件問題反覆發生,那就必須找出問題的源頭。

　　──改善產品／服務的方式。

　　──與新產品有關的想法。

　　──競爭對手的現況和正在研發的產品。

自我檢視

■ 我多常檢討客訴?

■ 我是否認為客訴是針對我個人或者採取辯解的態度?

湯姆‧彼得斯（Tom Peters）

少說多做

這麼做可以提升顧客對你和公司的好感。

湯姆‧彼得斯（1942－）或許是二十世紀末最傑出的管理大師，雖然他關注廣泛的管理學議題，但最有興趣的莫過於顧客關懷。他認為企業若要維持顧客的高滿意度，就要這麼做：

> 保守承諾，超凡實踐。
>
> 湯姆‧彼得斯

你該做什麼

- 不要吹噓你的產品。這只會讓你的顧客失望，甚至抱怨。無論如何，這都會導致顧客不再相信你的公司。
- 想出怎麼做才能超乎顧客的期待。例如：
  - ——比約定日期更早寄出商品。
  - ——協助顧客整合訂單，節省運費（沒錯，我知道這不常見，但想想這麼做對顧客的影響）。
  - ——供應超值的產品：天梭錶、Skoda汽車及維氏刀，都是以合理價格供應一流產品的企業。
  - ——提供優質的售後服務。顧客的產品經驗也包括產品的完整生命周期，因此優質的售後服務不是額外的加值服務，而是必要的服務之一。
  - ——妥善處理客訴（詳見「大師格言77」）。絕對不要跟顧客爭辯；做你該做的事來解決顧客的問題。當他們跟別人分享自己的維修經驗時，你的公司就會因顧客滿意而獲益。這麼做不僅不會破壞顧客忠誠度，還會讓他們變成你的死忠顧客。

——不只是協議內容本身，永遠要捍衛所有你對員工、顧客、供應商所作的協議精神。這麼做能取悅顧客、讓競爭對手害怕，並且為你贏得新朋友和新顧客。

- 提供特別服務或更多折扣讓顧客驚喜。不要事先打廣告，出其不意才是驚喜。這麼做會讓顧客大肆宣傳你的好。

- 對顧客忠誠。當顧客面臨暫時性的困難，協助他們度過難關。顧客會記得你的仗義。這麼做有助於鞏固你們的關係，並且有朝一日當你遇到難題時，他們或許也會伸出援手。

自我檢視

- 我在自己的職涯中，是否堅持「保守承諾，超凡實踐」的原則？
- 我或公司常常保守承諾，超凡實踐嗎？

華倫·巴菲特（Warren Buffet）

失去名聲的過程

走錯一步，會讓你一夕之間毀掉公司和名聲。

華倫·巴菲特（1930－）不僅是史上最聰明的投資人，也是讓原本在1950年代還是資本額僅一百美元的波克夏海瑟威，發展成幾十億美元的公司。為人正直清廉的他，讓波克夏海瑟威在股東和他所投資的公司之間都享有非凡的名聲。因此，他絕對有資格談論個人和組織名聲：

> 建立名聲要花二十年，但五分鐘就能毀了它。一旦你了解這一點，你就會換個方法做事。
>
> 華倫·巴菲特

做生意，即使兌現承諾會對你造成不利，也要一字不漏地遵守協議和協議精神，這是組織最珍貴的資產。

你該做什麼

- 你的名聲是否為你贏得競爭優勢（詳見「大師格言 2」）？請記住，你必須讓自己的名聲好過競爭對手，才擁有競爭優勢。名聲同樣好並不是一項優勢。

- 思考你希望為自己和公司建立什麼樣的名聲。如果你不是毒販或黑道，那你應該會想在員工、供應商及股東心目中，建立起誠實公平的名聲；絕對不要欺騙、捏造事實或剝削員工、顧客或供應商。不管是做人或經營公司，不僅要遵守合約，也要堅守合約的精神。你嘴巴上說說並不夠，必須長期展現出恪守承諾的態度。一旦你建立起名聲，生意就會滾滾來。

- 如果你想要一夕之間名聲全毀，只要有人爆料你曾對顧客、供應商或股東說謊、詐騙、不誠實或神隱，這樣你必須砸大錢，有可能高達數百萬元才能重新

打好公共關係。想想英國石油公司在墨西哥灣漏油案災難，以及該公司對漏油事件做出的回應有多麼駭人聽聞。又或者是傑拉德·拉特納在一場商務會議中，透露他之所以能把醒酒器、杯子及托盤以4.99英鎊的價格售出，全都因為這些東西是垃圾。即使在那個沒有社群媒體的時代，他的失言還是上遍了英國新聞，而拉特納的品牌一年內隨即消失在大街上。他的玩笑話也變成教科書裡的案例，提醒我們即便是玩笑話，藐視顧客是非常危險的。

- 如果你不小心口誤，請立刻道歉、認錯，並補償顧客（詳見「大師格言78」）。
- 如果你在組織內有精神導師或是信任的同事，可以跟他們討論你在組織內的名聲如何。

自我檢視

- 我是否滿意自己的名聲，或我需要改善？
- 我是否滿意團隊的名聲，或我需要改善？

傑夫・貝佐斯（Jeff Bezos）

壞消息在數位時代中的含意

只要犯一個錯，你和你的公司就會在網路上爆紅。

傑夫・貝佐斯（1964－）是亞馬遜的創辦人兼執行長，他利用新科技和電商打造了世界帝國。因此，我們應該好好把他這句話記在心裡：

> 如果顧客覺得公司虧待他們，他們不會告訴五個人，他們會跟五千個人分享。
>
> 傑夫・貝佐斯

你該做什麼

- 別讓一個錯誤演變成一場災難。在錯誤變成消耗戰前，趕快平息錯誤。
- 若你發現了會影響眾多顧客的重大問題，請迅速在社群網站上主動公布消息。主動先公布消息會比數百位顧客在推特或臉書抱怨好得多，但你必須迅速行動。《泰晤士報》（2013年11月4日）引述一份報告寫道，69%的「企業危機」會在二十四小時內散布全球，而企業則平均在二十一小時內做出初步回應。
- 若你身處大規模企業，最好聘請專家監控與公司相關的網路輿論。如果是小規模的企業，或許只要一位員工每天花一小時搜尋公司的評價。無論企業規模多大，最重要的是掌握並迅速處理問題。
- 不要讓社群媒體霸凌你。若網路上的批評並不公正或不正確，那就要澄清消息。若是真正的錯誤，就一定要公開道歉，並且迅速補償顧客。
- 不要和顧客在網路上吵架，這就像是提油救火。我們都知道，當小蝦米對抗大鯨魚時，媒體永遠會站在小蝦米那一邊，就算你的公司只有二十五人。你的目標永遠都是盡快控制並消滅火勢。
- 影集《白宮風雲》中一段令人印象深刻的情節告訴我們，選錯發言人說錯話有

多麼恐怖。你應該列出一份名單，授權那些人可以對外發言，並且也要列出另一份名單，必要時禁止他們與記者和社群媒體接觸。每個組織內都有這種人，我相信你很清楚那些人是誰。

自我檢視

■ 公司是否有媒體政策？如果有，我和員工了解相關內容嗎？

■ 如果我發現有問題正在發酵，應該先讓誰知道呢？

華倫・班尼斯（Warren Bennis）

標竿管理的價值

當你想在特定領域和市場龍頭比較時，這套方法可以協助你。

華倫・班尼斯（1925－2014）是美國學者、企業顧問、作家，以及新興的管理學領域「領導學研究」的先驅。他也相當關切1990年代盛行一時的品質運動，他透過以下這句話，建議經理人應該模仿其他組織的最佳典範：

> 模仿其他組織的行動聽起來像是產業間諜才會有的行為……但其實標竿管理完全合法且符合道德。
>
> 華倫・班尼斯

標竿管理是由菲德烈・泰勒在二十世紀初期創立。表現優異的工廠工人，就會用粉筆在他的椅凳或工作站標記記號。該記號代表員工的工作品質佳受到公認、值得效仿。如此樸實無華的制度起源，成就了一家數十億英鎊的企業。

標竿管理包括四個步驟：

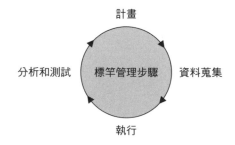

你該做什麼

• 你不一定要和同行學習、比較。例如，任何要面對顧客的公司，研究凌志汽車客服作業一定能獲益。

- 利用以下四個步驟執行標竿學習。

——**計畫階段**找出你希望樹立標竿的過程。盡量精確一點，例如：你想要檢討整個過程或部分過程？選定該領域聞名遐邇的企業，與該公司接洽，試著了解「他們的做法」。設計適當的問券調查、觀察或安排訪談來蒐集資料。

——**資料蒐集階段**包括與你認定的模範公司溝通、釐清你會涉及到多少程度的敏感商業資料、可能牽涉到的倫理問題，以及你會怎樣處理這些問題。所有參與研究的人都不應受到任何形式的傷害。

——**分析和測試階段**包括摘要、分析資料，以及找出任何有助於改善公司績效的做法。組成小團隊執行這項作業，團隊成員應包括一至二位能勝任變革推動者和變革鬥士的基層人員（詳見「大師格言57」）。小規模測試團隊的想法，並視狀況做必要的修正，找越多員工參與測試越好。

——**執行階段**是執行你和團隊新想法的階段。逐步推行，在最後全面實施時，盡可能讓更多員工參與。這能讓員工產生自主感和責任感，並且讓你和團隊可以與所有重要的利害關係人保持緊密聯繫。利用SMART原則設定目標、監控程序（詳見「大師格言19」）。

自我檢視

- 我真的重視品質嗎？還是我覺得隨便敷衍就好？
- 我是否嚴格要求自己的工作品質、樹立起典範，並期待其他人和我一樣？

結語

　　我選擇戴爾・卡內基的格言77作為TOP 10金句，因為他一語道出了建立顧客關係的基礎：

> 花二個月的時間專注在他人身上，會比花二年的時間讓人家來專注你，更容易談成更多的生意。
>
> 戴爾・卡內基

　　不要跟顧客搶鋒頭。反之，在每一場會議和交談中，你應該讓所有鎂光燈都聚焦在顧客身上。這麼做能讓他們認為你是很出色的溝通者，因為你懂得聆聽，所以顧客高興。終於有人願意聽自己說話了！在這個極少人打開耳朵的世界，這是一項力量十足的能力。

給你帶走的一堂課

　　當你真心關心顧客的問題、需求及想法，你的生意就會越做越大。

第十一章
管理智慧大匯集

導論

這章包含的八句格言，都是我認為相當重要且別有洞見的。這些格言的兩個共通特色是：沒有一句可以完全歸類在其他章裡；句句都不言而喻，而且不需要寫滿兩頁來說明其意義或運用方式。實際上，這八句格言雖短，卻像完美切割的寶石一樣珍貴。

本章格言的典型句子，包括羅伯特・湯森所說的：

> 顧問就是跟你借手錶告訴你幾點、然後戴著你的錶離開的人。
>
> 羅伯特・湯森

你也會發現，這章沒有入選 TOP 10 的格言。我沒選中這些句子的理由很簡單：全書十一章卻要挑出十句，根本不可能！

這章的句子相當多樣，我很難告訴你可以從本章中學到什麼。但或許你可以從中找出二或三句令你感同深受或切中你工作經驗的格言。

貓王（Elvis Presley）

找到你需要的專家

聘請外部顧問時，請先確定你所需的特定技能。

貓王（1935－77）在歌迷心中就像王者，更是二十世紀相當重要的文化偶像。貓王並非以商業頭腦聞名，然而他說的這句話，顯示出他比許多專業經理人都了解自己真正的需求：

> 我沒有僱用貼身保鑣，但我有兩位極專業的會計師。
>
> 貓王

貓王深知，跟著他到處旅行的隨扈已經嚴密保護著自己了，讓他免於歌迷的推擠以及避開想傷害他的人（他也有帶槍）。因此，他認為自己不需要貼身保鑣，他需要的是能避免他被國稅局課重稅的人。

你該做什麼

- 別聘僱你用不到的專家。企業內往往早就有專家可以研究企業所面臨的問題。令人遺憾的是，很多經理人認為外部專家比內部的更專業。畢竟，這些外部專家一天收費超過一千英鎊，貴的一定好。但很多事實顯示，這項假設是錯的。在向外尋求專家前，先從內部找找有沒有能夠協助組織解決問題的人。
- 精確掌握你要怎樣的專業。若需要IT或金融專家，就不要聘用管理顧問。令人訝異的是，這種狀況很常見，比如跟你合作的會計公司購買非會計服務。

自我檢視

- 我或公司是否對通才管理顧問執迷不悟？
- 我是否靠管理顧問為自己的想法加分？

艾琳・沙比諾（Eileen C. Shapiro）

管理不必跟風

面對問題時，現成的解決方案通常不管用。

艾琳・沙比諾是美國的企業顧問及《管理浪潮下的迷思》一書作者。沙比諾關注的是企業吹起一股向外尋求現成答案的風潮，她表示：

> 思考應該是世界上最艱辛的工作了。人們總想把這項工作用一句咒語完成，或利用企業再造那樣的方法論帶過。
>
> 艾琳・沙比諾

在1980年代，經理人傾向於尋找快速的方案來解決陳年問題，管理學變得相當有趣。當時的經理人傾向於從組織外部尋求答案，以解決內部問題。

你該做什麼

- 思考很難，但解決公司問題的答案，就握在你和員工手上。你或許需要催化者幫你找出答案，但你絕對可以為問題設計一套量身打造的解決方案。
- 現成的解決方案通常不會讓你如願以償。然而，如果你和公司仍決定採用這個方式，你就要做到下列兩件事：
  ——精確掌握你想解決的問題，並且
  ——不照單全收現成的解決方案，只用可解決問題且和組織文化相容的要素。
- 不預設任何解決方案可以不經修改就直接套用。你要根據需求更改方案內容。

自我檢視

- 我或公司是否變成管理風潮的奴隸？
- 我花多少時間思考問題而不是處理問題？

約翰‧皮爾龐特‧摩根（John Pierpont Morgan）

你應該解決問題而非丟出問題

管理階層希望你告訴他們怎麼做到他們想要的，而不是為什麼做不到。

　　約翰‧皮爾龐特‧摩根（1837－1913）是美國的金融家和銀行家，他在十九世紀末至二十世紀初主宰了美國的企業融資和工業整合。從以下這句話我們可以知道，不是別人所說的「不」幫他建立起龐大的金融帝國：

> 我不需要律師告訴我不能做什麼。我僱用員工，是要他們告訴我，該怎麼做才能達到我的目的。
>
> 約翰‧皮爾龐特‧摩根

你該做什麼

- 永遠記住，公司期待經理人解決問題而非製造問題。
- 身為一位會計師，長期以來我觀察到會計師可以分成兩種：一種告訴你為什麼你不能做某些事，另一種則告訴你該怎麼做。所有專業都可以看到這兩種人，包括銀行家和會計師。當指派員工或聘請外部專家時，可以詢問他們一個公司的問題，請他們提出自己的想法。透露越少資訊越好。你會發現出色的專家能列出他所看到的問題。然而，相較於思考解決方法的人，反對的人會花不成比例的時間列出問題。指派人員時，請選擇前者。

自我檢視

- 我是否喜歡潑別人冷水，或是我幫助他們解決問題？
- 我的員工是否因協助解決問題而博得好名聲？或者只會幫倒忙？

彼得・杜拉克（Peter Drucker）

思考和反思的價值

這是持續提升管理技巧的理想方式。

彼得・杜拉克（1909－2005）應該是管理科學領域中想法最深澳的思想家。因此，他說出這句話並不令人驚訝：

> 沉靜下來檢討有效的行動。寧靜的反思會帶來更有效的行動。
>
> 彼得・杜拉克

你該做什麼

- 大部分經理人工作負荷重且往往採取行動導向。反思對他們而言並不容易。他們喜歡處理最新的問題，而不是檢討上一個問題。然而，每天不留點時間安靜省思其實是錯的。省思有助於你成為更有成效的經理人，長期下來反而能讓你節省時間。

- 記錄學習日誌。簡短記錄每一項重要的事件和決策，例如，哪一項工作成果不錯？哪一項差強人意？下次該怎麼改善？怎麼把好的部分延續下去，剔除不好的？

- 如果你沒時間省思工作，利用十至十五分鐘的通勤空檔，想想當天發生的事。

- 定期反省有助於你從成功和失敗中學習，當你退休時，人們會跟你說：「公司失去了四十五年的寶貴經驗。」如果你從不反省並從中學習，他們會說：「公司只不過是失去重複了四十五次的相同經驗！」他們當然不會當著你的面講。

自我檢視

- 我一周花多少時間反省自己的行為？
- 我是否覺得反省無用？如果是，為什麼所有證據都顯示反省有用？

亞伯拉罕・馬斯洛（Abraham Maslow）

為什麼你必須使盡全力

人生只有一次，你不該把人生浪費在討厭的工作上。

　　亞伯拉罕・馬斯洛（1908－70）最知名的莫過於他所提出的需求層次理論，最頂端的需求目標為自我實現。若沒有試著滿足自我實現的需求，可能會引發失望和不快樂的情緒，他表示：

> 如果你只想成為比自己所具有的能力更渺小的人，你每天都將活得不快樂。
>
> 亞伯拉罕・馬斯洛

你該做什麼

- 找出你屬於下列哪一種類型：A、少數在很年輕的時候就知道自己要做什麼的幸運兒；B、從經驗中了解自己擅長的事情，並以此為畢生志業的多數者；C、從來不知道自己擅長的事和興趣。

- 無論你屬於A或B，都非常幸運。然而，光是做你想做的事並不會帶來快樂，只有當你做到最好時，才會感到快樂。因此，把目標設得高一點。或許你會失敗，但從中獲得的成就感，會比目標簡單、每次都達標更多。

- C類型的人，可能只是漫無目的地工作。基本上，他們會說：「我的工作還可以。已經夠我付房貸／房租。」如果你是這種人，你要問自己：「我真的要一輩子做這份工作嗎？」如果答案是否定的，那就找出你想做的事，然後勇往直前。

自我檢視

- 我工作是否只為了付房貸？
- 如果我的答案是肯定的，那我是否有決心、動力及勇氣做出改變？

亞倫・萊文斯坦（Aaron Levenstein）

隱形數據

對所有數據保持懷疑，尤其是令你開心的數據。

亞倫・萊文斯坦（1913－86）是作家和巴魯克學院企管學系教授。他最令人難忘的一句話是：

> 數據就像比基尼（或者男性的三角泳褲），看得到的部分總是引人遐想，但遮起來的部分才是至關重要的。
>
> 亞倫・萊文斯坦

基本上，他的意思是數據可以混淆或誤導觀看者。從幾年前的一則新聞標題「半數英國學校都低於平均水準！」就可以明顯看出這個現象。

你該做什麼

- 不要輕易相信任何數據的表面價值。了解數據的蒐集方式，且分析還有什麼其他的角度可以解讀它。這代表你必須與提供數據的人溝通。如果是定期的例行性報告，你只需要做一次這樣的確認，然後至少每年確認他們沒有改變蒐集資料的方式。如果是一次性報告，你就得每一次都與數據提供者溝通。
- 以這樣的方式看待數據，你才能了解資訊的真正意義（詳見「大師格言55」），並評估資訊的可信度。找出數據的弱點，想好答案，以防有人說你忽略了其他解讀方式。

自我檢視

- 我是否充分了解全部的數據和財務報告？若沒有，我可以跟誰反映這個問題？
- 我是否被動接受別人提供的數據或資訊？我有沒有以批判的思維進行評估？

大衛·普克德（David Packard）

行銷的重要性

你一出門，就代表公司。

大衛·普克德（1912－96）是與威廉·惠烈共同成立惠普公司的創辦人，也是該公司的總裁、執行長及董事長。他的經驗告訴他：

> **行銷不只是行銷部門的事。**
>
> 大衛·普克德

普克德並不是要你裁減行銷部門。他的意思是所有員工都可以為行銷盡一份力。

你該做什麼

- 在社群媒體的時代，所有員工都必須知道自己的行為會影響組織形象，而且會在二十四小時內就擴散至全球（詳見「大師格言81」）。
- 打造一個從清潔人員到執行長都明白「自己就是代表公司」的組織，他們與利害關係人的互動，甚至是私人生活，都會影響大眾對組織的觀感。例如，很多年前我決定不再搭乘某家廉航，因為我討厭這家廉航的執行長，將這家公司變成拒絕往來戶。他因為一篇訪問失去了多少潛在客戶？
- 反過來說，如果一個工程師在派對上遇到一台新機器故障，他們可以提供詳細狀況並協助主辦者解決問題，替公司博得好名聲，就算這不是他們的職責。

自我檢視

- 我和員工可以怎麼宣傳公司？
- 我和員工是否接受過訓練，了解如何處理公司利害關係人的抱怨？

艾倫・凱（Alan Kay）

失敗的價值

失敗往往是最難得的一堂課。

艾倫・凱（1940 －　）是美國電腦科學家，也是圖靈獎得主。他說道：

> 如果你沒有 **90%** 的時間都在失敗，就表示你的目標不夠高。
>
> 艾倫・凱

你該做什麼

- 學習美國人看待失敗的態度。在英國，失敗是一件丟臉的事。很少失敗者會回到公司面對公開侮辱。但在美國，失敗被視為學習機會。事實上，很多大獲成功的企業家，在挖到寶之前都經歷過二到三次失敗。

- 用學習日誌分析你的錯誤和失敗，並找出你錯在哪裡。你或許會發現自己沒有做錯什麼，而是突發狀況拖累了你。總之，從失敗中學習。

- 發揮潛能並不容易，有時候甚至不太有機會。如果你的目標是做到最好，那你很可能會失敗。但這樣絕對比從不挑戰高難度工作、只沉浸於一連串簡單無趣的小成果好吧？

- 永遠不要把失敗看得太個人化。失敗並不代表你或你的個性有問題。很多名人成功前都經歷過失敗。邱吉爾慘遭多次挫敗後，才終於在1940年成為英國首相，並使英國和歐洲免於納粹的統治。

自我檢視

- 我是否可以雲淡風輕地看待失敗並往前邁進，或者我不斷苛求自己？

- 我是否認為成功才能贏得別人的喜愛／尊敬？如果是，哪些朋友或家人失敗後，我就不再跟他們說話了嗎？

結語

艾倫・凱講的失敗價值，差一點就入選 TOP 10 格言。

在第二章中，我選了亨利・福特與自信需求有關的句子作為 TOP 10 格言。我選亨利・福特的這句話，是因為缺乏自信或表現不出自信的樣子，就很難管理人或領導別人。

或許是自信很脆弱，讓很多人小心翼翼提防失敗。他們害怕失敗一次，就會毀了自己一生。因此他們從不冒險，即使擁有很棒的想法也不敢賭上一切。這是很令人惋惜的事，因為我們都知道多數成功的企業家／領導者，成功前都經歷過一至二次失敗。他們把失敗視為寶貴的學習機會，讓自己茁壯並更有智慧。

給你帶走的一堂課

別害怕失敗。

推薦讀物

書籍

Basic Books (2003) *The Big Book of Business Quotations*. Bloomsbury Publishing: London.

Goodman, T. (1999) *The Forbes Book of Business Quotations*. Black Dog and Leventhal Publishers: New York.

Ridgers, B. (ed.) (2012) *The Economist's Book of Business Quotations*. The Economist/ Profile Books: London.

網站

如果你在網路上搜尋類似「管理學格言」的內容，你會淹沒在好幾百個搜尋結果裡。以下是我覺得最有用的四個網站：

- Brainyquote.com
- Goodreads.com/quotes
- Searchquotes.com
- Thinkexist.com

搜尋管理學格言時，請擴大你的搜尋字詞範圍。除了「經理人／管理」之外，也查詢看看「領導者／領導」、「激勵」、「變革式管理」、「決策」、「事業計畫」等等。

管理大師格言TOP 10

選出TOP 10格言是很主觀的行為。最後我決定從每章選出一句,排除第十一章的句子。這表示我對第十一章有偏見嗎?誰知道?有差嗎?重點是列出來純粹只是好玩。

總之,你可以試著選出自己的TOP 10,這樣你就必須細細體會每一句話。當然,每個人的狀況不同,選出來的也不一樣,對你有用的不一定對別人有用。

排名	格言編號	格言	入選原因
1	1	**彼得‧杜拉克** 一家公司存在的唯一理由就是創造(以及留住)顧客。	客顧是所有公司最根本的目的,因為利潤來自顧客。
2	14	**亨利‧福特** 認為自己做得到,和認為自己做不到的人,都是對的。你是哪一種人?	缺乏自信或展現不出自信的模樣,身為經理人的你,是拿不出績效的。
3	25	**華倫‧巴菲特** 有人曾經說過,聘請員工時要留意三項特質:正直、才智以及精力。如果那個人缺乏第一項特質,那其他兩項特質將會毀了你的公司。你仔細想想,他說的千真萬確。如果你聘用不正直的人,等於你允許員工愚蠢且懶惰。	徵人的時候要注意哪些特質,並且提醒你既然員工是你最大的潛在資產,不適任的員工可以摧毀你的事業和組織。
4	33	**華倫‧班尼斯** 最有害的領導迷思,是認為領導者是天生的……這個迷思斷定一個人能不能成為領導者取決於他的群眾魅力。太荒謬了……領導者是培養多於天賦。	華倫‧班尼斯試圖打破迷思,他不認為領導特質是與生俱來的。這句話也提醒我們,我們早就不再認為出身決定一切,也不認為貴族生來就有權力支配我們。

排名	格言編號	格言	入選原因
5	77	**戴爾·卡內基** 花二個月的時間專注在他人身上，會比花二年的時間讓人家來專注你，更容易談成更多的生意。	自尊心太強會阻礙有效的決策、管理、計畫及銷售。
6	75	**索福克勒斯** 你強制不了的，就別下命令。 **羅莎貝·摩絲·肯特** 權力，即搞定事情的能力。	缺乏辦事能力是失去權力最快的方式。
7	45	**弗雷德里克·赫茨伯格** 真正的激勵因素來自成就、個人發展、工作滿意度及認同感。	激勵員工不是只靠薪資和工作條件。
8	53	**瑪麗·帕克·傅麗特** 我們不應該讓自己被二擇一霸凌。你往往可以找到比眼前兩種方案更好的選擇。	不要認定你只有兩種選擇。
9	61	**馬基維利** 既得利益者將成為改革者的敵人，而只有可以從新制度中得利的人才會捍衛改革。	你要認真思考，哪些人會因為你變革失敗而獲利。
10	69	**溫斯頓·邱吉爾** 儘管決策再好，你還是應該看看它的結果。	要經常評估你想採用的策略。就算策略成功，還是會有更好方法。

最後，我個人最愛本書中的一句話，就是貓王所說的：

野心就是一個擁有 V8 引擎的夢想。

貓王

這句話能催生出相當大的想像力，不過，我根本不喜歡看《頂級跑車秀》！

引用清單

　　下列表格整理出本書所引用每位名人的格言數量。彼得‧杜拉克以八句奪冠。這反映出他的兩個特色：第一，他是二十世紀卓越的管理學學者；第二，他七十年來的研究成果非凡。

姓名／格言數量／金句編號	姓名／格言數量／金句編號
彼得‧杜拉克／8／1, 22, 23, 35, 56, 59, 63, 86	馬克斯‧巴金漢／1／26
華倫‧班尼斯／5／10, 33, 36, 55, 82	埃德蒙‧伯克／1／66
安德魯‧卡內基／3／5, 16, 19	夏克拉博蒂／1／39
傑夫‧貝佐斯／2／7, 81	溫斯頓‧邱吉爾／1／69
華倫‧巴菲特／2／25, 80	克雷頓‧克里斯汀生／1／76
戴爾‧卡內基／2／13, 77	愛德華茲‧戴明／1／37
愛迪生／2／17, 20	羅恩‧丹尼斯／1／31
亨利‧福特／2／12, 14	海爾嘉‧德拉蒙德／1／50
馬基維利／2／61, 73	愛因斯坦／1／74
湯姆‧彼得斯／2／46, 79	德懷特‧艾森豪／1／64
羅伯特‧湯森／2／24, 49	法蘭西和雷文／1／71
傑克‧威爾許／2／2, 30	羅伯特‧佛洛斯特／1／43
肯尼斯‧布蘭查德／1／51	比爾‧蓋茲／1／78
肯尼斯‧布蘭查德和 史考特‧布蘭查德／1／44	哈羅德‧季寧／1／4
馬文‧鮑爾／1／3	賽斯‧高汀／1／62
約翰‧昆西‧亞當斯／1／42	安迪‧葛洛夫／1／65
	巴德‧哈德菲爾德／1／52
	蓋瑞‧哈默爾／1／57

中英名詞對照表

人物

三至十畫

大偵探白羅　Poirot

大衛・普克德　David Packard

小布希總統　President George W. Bush

小喬治・史密斯・巴頓　George Smith
　　Patton, Jr

山姆・沃爾頓　Sam Walton

丹尼爾・韋布斯特　Daniel Webster

甘迺迪　John F. Kennedy

巴特・奈勒斯　Burt Nanus

巴頓將軍　George Patton

巴德・哈德菲爾德　Bud Hadfield

比爾・沃金斯　Bill Watkins

比爾・蓋茲　Bill Gates

史考特・布蘭查德　Scott Blanchard

史高斯　Kevin Scholes

史達林　Stalin

布朗博士　Doc Brown

弗雷德里克・赫茨伯格　Frederick
　　Herzberg

吉格・金克拉　Zig Ziglar

安迪・葛洛夫　Andrew S. Grove

安娜・愛蓮娜　Eleanor Roosevelt

安德魯・卡內基　Andrew Carnegie

米開朗基羅　Michelangelo

艾弗雷德・史隆　Alfred P. Sloan

艾倫・凱　Alan Kay

艾琳・沙比諾　Eileen C. Shapiro

西奧多・李維特　Theodore Levitt

亨利・明茲伯格　Henry Mintzberg

亨利・福特　Henry Ford

克林・伊斯威特　Clint Eastwood

克勞德・泰勒　Claude I. Taylor

克雷頓・克里斯汀生　Clayton M.
　　Christensen

李察・惠廷頓　Richard Wittingham

狄伊・哈克　Dee Hock

狄奧多・羅斯福　Theodore Roosevelt

貝比魯斯　Babe Ruth

辛賽基　Eric Shinseki

亞伯拉罕・馬斯洛　Abraham Maslow

亞倫・萊文斯坦　Aaron Levenstein

帕雷托　Vilfredo Pareto

彼得・杜拉克　Peter Drucker

林肯　Abraham Lincoln

法蘭西　John French Jr

肯・布蘭佳　Ken Blanchard

肯尼斯・布蘭查德　Ken Blanchard

金偉燦　W. Chan Kim

保羅・蓋帝　John Paul Getty

保羅・赫塞　Paul Hersey

前首相柴契爾夫人　Prime Minister
　　Margaret Thatcher

哈羅德・季寧　Harold Geneen

威廉・惠烈　William Hewlett

威爾・史密斯　Will Smith

查爾斯・韓第　Charles Handy

查爾斯王子　Prince Charles

約翰・皮爾龐特・摩根　John Pierpont
　　Morgan

約翰・伍登　John Wooden

約翰・昆西・亞當斯　John Quincy
　　Adams

約翰・阿戴爾　John Adair

哥頓・蓋柯　Gordon Gekko

埃德蒙・伯克　Edmund Burke

夏克拉博蒂　S.K. Chakraborty

格里・詹森　Gerry Johnson

桃莉絲・基恩斯・古德溫　Doris Kearns
　　Goodwin

海耶克　Friedrich von Hayek

海爾嘉・德拉蒙德　Helga Drummond

神探可倫坡　Colombo

索福克勒斯　Sophocles

馬丁・路德　Martin Luther King

馬文・鮑爾　Marvin Bower

馬克思兄弟　Marx Brothers

馬克斯・巴金漢　Marcus Buckingham

馬克斯・韋伯　Max Weber

馬基維利　Niccolò Machiavelli

十一畫以上

勒妮・莫博涅　Renée Mauborgne

勒溫　Lewin

康德　Immanuel Kant

莫克姆和懷斯　Morecambe and Wise

莫莉・薩金特　Molly Sargent

麥可・波特　Michael E. Porter

麥可・戴爾　Michael Dell

傑夫・貝佐斯　Jeff Bezos

傑克・威爾許　Jack Walsh

傑拉爾德・布萊爾　Gerald B. Blair

傑拉德・拉特納　Gerald Ratner

勞倫斯・彼得　Laurence J. Peter

喬治・貝禮　George Bailey

湯姆・彼得斯　Tom Peters

湯姆・希德斯頓　Tom Hiddleston

華倫・巴菲特　Warren Buffet

華倫・班尼斯　Warren Bennis

菲利普・科特勒　Philip Kotler

菲德烈・泰勒　Fredrick Taylor

愛因斯坦　Albert Einstein

愛迪生　Thomas Edison

愛根　Gerard Egan

愛德華茲・戴明　Edwards Deming

愛黛兒　Adele

溫斯頓・邱吉爾　Winston Churchill

葛拉威爾　Malcom Gladwell

詹姆士・約克　James Yorke

詹姆斯・麥克格拉斯　James McGrath

詹姆斯・錢皮　James Champy

雷文　Bertram Raven

雷博思警探　Rebus

瑪麗・帕克・傅麗特　Mary Parker Follett

蓋瑞・哈默爾　Gary Hamel

德懷特・艾森豪　Dwight D. Eisenhower

摩斯探長　Morse

貓王　Elvis Presley

霍華・舒茲　Howard D. Schultz

戴爾・卡內基　Dale Carnegie

賽斯・高汀　Seth Godin

邁克爾・哈默　Michael Hammer

邁爾康・富比士　Malcolm Forbes

羅伯特・佛洛斯特　Robert Frost

羅伯特・湯森　Robert Townsend

羅恩・丹尼斯　Ron Dennis

羅莎貝・摩絲・肯特　Rosabeth Moss
Kanter

羅賓・夏馬　Robin Sharma

其他

《一分鐘經理》　*One minute manager*

《白宮風雲》　*The West Wing*

《企業再造：企業革命的宣言書》　*Re-engineering the corporation*

《風雲人物》　*It's a Wonderful Life?*

《格雷的五十道陰影》　*50 Shades of Grey*

《泰晤士報》　*The Times*

《財富》雜誌　*Fortune* Magazine

《頂級跑車秀》　*Top Gea*

《提升組織力：別再扼殺員工和利潤》
Up the organisation

《華爾街》　*Wall Street*

《經濟學人：決策指導書：做對的決定》
The Economist Guide to Decision-Making

《管理浪潮下的迷思》　*Fad Surfing in the Boardroom*

ITT企業集團　ITT Corporation

力場分析法　Force Field Analysis

大獎賽　Grand Prix

中央英格蘭大學　University of Central England

五力分析模型　Five Forces Theory Model

天梭表　Tissot

巴魯克學院　Baruch College

卡內基音樂廳　Carnegie Hall

古根漢獎學金　Guggenheim Fellowship

伊利諾伊州　Illinois

共和黨　Republican Party

安維斯租車　Avis Rent a Car

吉百利　Cadbury

年度商管書大獎　CMI Management Book of the Year Award

成功金字塔　Pyramid of Success

收益遞減規律　law of diminishing returns

艾森豪時間管理矩陣　The Eisenhower Time Management Grid

西北大學　Northwestern University

伯明罕大學　The University of Birmingham

希捷科技　Seagate Technology

沃爾瑪　Walmart

走動式管理　MBWA(Management by Walking Around)

亞馬遜公司　Amazon

奇異公司　General Electric

奔馳法　SCAMPER

帕雷托法則　Pareto Principle

波克夏海瑟威　Hathaway

保時捷　Porsches

保健因素　Hygiene Factors

哈佛商學院　The Harvard Business School

紅海策略　Red Ocean Strategy

英特爾公司　Intel

迪羅倫時光機　DeLorean time machine

凌志　LEXUS

夏馬領導力顧問公司　Sharma Leadership Consultancy

泰勒　Fredrick Taylor

馬里蘭大學　University of Maryland

密西根警署　Michigan State Police

情景規劃　scenario planning

情境式領導理論　Situational Leadership

通用汽車　General Motors

陰影面理論　Shadow Side theory

麥拉倫科技集團　McLaren Technology Group

麥肯錫　McKinsey

凱洛格管理學院　Kellogg School of Management

惠普　Hewlett-Packard

普立茲詩歌獎　Pulitzer Prize for Poetry

策士　Strategos

貴格會　Quaker

黑天鵝事件　Black swan event

奧馬哈先知　Sage of Omaha

圖靈獎　Turing Award

漢茲沃斯四部曲　Handsworth Quartet

福特汽車　Ford Motor Company

維氏　Victorinox

墨西哥灣漏油案　the Deep Water Horizon

激勵因素　Motivational Factors

霍桑實驗　Hawthorne Experiments

藍海策略　Blue Ocean Strategy – BOS

轉會窗　transfer window

蘇格蘭丹弗姆林　Dunfermline

蘑菇管理　Mushroom Management

變革管理　change management

90堂成功領導和有效管理大師班

偉大企業家和管理學大師的一句話，教你具體應用團隊領導、計畫決策、組織變革的智慧

作者	詹姆斯・麥格拉斯（James McGrath）
譯者	楊毓瑩
主編	劉偉嘉
校對	魏秋綢
排版	謝宜欣
封面	萬勝安
社長	郭重興
發行人兼出版總監	曾大福
出版	真文化／遠足文化事業股份有限公司
發行	遠足文化事業股份有限公司
地址	231 新北市新店區民權路 108 之 2 號 9 樓
電話	02-22181417
傳真	02-22181009
Email	service@bookrep.com.tw
郵撥帳號	19504465 遠足文化事業股份有限公司
客服專線	0800221029
法律顧問	華陽國際專利商標事務所　蘇文生律師
印刷	成陽印刷股份有限公司
初版	2021 年 9 月
定價	360 元
ISBN	978-986-06783-1-4

有著作權・翻印必究

歡迎團體訂購，另有優惠，請洽業務部 (02)22181-1417 分機 1124、1135

特別聲明：有關本書中的言論內容，不代表本公司／出版集團的立場及意見，由作者自行承擔文責。

國家圖書館出版品預行編目 (CIP) 資料

90 堂成功領導和有效管理大師班：偉大企業家和管理學大師的一句話，
　　教你具體應用團隊領導、計畫決策、組織變革的智慧／
　　詹姆斯・麥格拉斯（James McGrath）著；楊毓瑩譯 .
　　-- 初版 . -- 新北市：真文化，遠足文化事業股份有限公司，2021.09
　　面；公分 --（認真職場；15）
　　譯自：The little book of big management wisdom : 90 important quotes
　　　　and how to use them in business.
　　ISBN　978-986-06783-1-4（平裝）
　　1. 企業管理　2. 格言　3. 職場成功法
　　494　　　　　　　　　　　　　　　　　　　　110012379